绿色理念视角下市政公用基础设施施工技术

董安国　林东燕　杨树山　著

北京工业大学出版社

图书在版编目（CIP）数据

绿色理念视角下市政公用基础设施施工技术 / 董安国，林东燕，杨树山著. — 北京：北京工业大学出版社，2024.1重印

ISBN 978-7-5639-6366-9

Ⅰ. ①绿… Ⅱ. ①董… ②林… ③杨… Ⅲ. ①市政工程—基础设施—工程施工 Ⅳ. ① TU99

中国版本图书馆 CIP 数据核字（2018）第 158580 号

绿色理念视角下市政公用基础设施施工技术

著　　者：董安国　林东燕　杨树山
责任编辑：胡艳红
封面设计：点墨轩阁
出版发行：北京工业大学出版社
（北京市朝阳区平乐园 100 号　邮编：100124）
010-67391722（传真）　bgdcbs@sina.com
经销单位：全国各地新华书店
承印单位：三河市元兴印务有限公司
开　　本：787 毫米 ×960 毫米　1/16
印　　张：11.25
字　　数：210 千字
版　　次：2021 年10月第 1 版
印　　次：2024 年 1 月第 3 次印刷
标准书号：ISBN 978-7-5639-6366-9
定　　价：35.00 元

前 言

在城市经济快速发展的背景下，市政工程施工建设力度也在逐渐加大。市政工程是保证城镇稳定发展、交通便利，以及城镇运作协调化的基础工程项目。

新能源的发现及产业革命加速了城市化的进程，城市人口迅速膨胀，城市范围不断扩张，市政建设项目数量和规模都与日俱增，城市生活所需的市政公用基础设施日趋多样化、复杂化和综合化，达到了城市基础设施的中级阶段。然而，这些市政基础设施在设计、施工及运营养护中产生越来越多的交叉问题，它们与周边地质环境一起，形成了彼此相互影响、相互制约的复杂系统。

根据现代城市建设的实际情况，城市居民对城市环境越来越重视，尤其是环境污染越来越严重的今天，人们经常会以市政工程施工污染环境为由而对施工进行阻拦。因此，政府非常重视加强对生活环境的保护和改善。“低碳生活，绿色环保”理念深入人心。在城市建设不断进行的过程中，绿色施工理念逐渐被引入市政工程施工中，不仅能有效提升施工的效率，还能减少对环境的破坏。运用绿色施工理念可以更好地解决我国建筑行业可持续发展与资源短缺之间的矛盾，还可以保持人类发展与资源运用之间的协调性。

全书共九章。第一章主要阐述了绿色理念的提出、绿色理念的内涵以及绿色理念的时代意义；第二章主要阐述了市政工程的内涵、现代市政工程类型与作用以及绿色理念下的工程施工要求与特征；第三章主要阐述了市政道路工程建设现状、市政道路工程设计以及绿色理念下的市政道路工程施工技术；第四章主要阐述了市政桥梁工程施工技术现状、市政工程桥梁设计以及绿色理念下的市政桥梁工程施工技术；第五章主要阐述了市政轨道交通工程建设现状、市政轨道交通工程设计以及绿色理念下的市政轨道交通工程施工技术；第六章主要阐述了市政给排水工程应用现状、市政给排水工程设计以及绿色理念下的市政给排水工程施工技术；第七章主要阐述了城市综合管廊施工建设现状、城市综合管廊工程规划与设计以及绿色理念下的城市综合管廊施工技术；第八章主要阐述了市政园林绿化工程发展现状、市政园林绿化工程设计以及绿色理念下的市政园林绿化工程施工技术；第九章主要阐述了市政工程施工技术现状与策略分析、市政公用工程施工管理现状与策略分析、绿色理念在市政工程施工中的应用途径以及绿色理念下的市政公用基础设施施工技术。

为了保证内容的丰富性与研究的多样性，在撰写本书的过程中作者参阅了很多市政工程研究方面的相关资料，在此表示衷心的感谢。

由于作者水平有限，时间仓促，书中难免有疏漏和不妥之处，恳请各位读者批评指正。

作　者

2018 年 5 月

目　录

第一章 绿色理念概述

“创新、协调、绿色、开放、共享”五大发展理念关系到我国发展全局的深刻变革，为我国今后更长时期的发展指明了方向。其中，绿色发展是人们普遍关心的一个问题。将绿色发展作为关系我国发展全局的一个重要理念，作为更长时期我国经济社会发展的一个基本理念，体现了我国对经济社会发展规律认识的深化，将指引我们更好地“实现经济繁荣、民族团结、环境优美、人民富裕”，实现中华民族永续发展。本章主要从绿色理念的提出、绿色理念的内涵以及绿色理念的时代意义三个方面进行探讨。

第一节 绿色理念的提出

理念是行动的先导，一定的发展实践都是由一定的发展理念来引领的。科学、适时的发展理念是有效提高发展成效的重要保障。绿色发展理念不仅进一步深化了我国生态文明建设的要求，而且为消除我国经济社会发展与生态保护之间的矛盾做出了更加细致的顶层设计和制度安排，为我国的绿色发展实践提供了科学的理论纲领和价值导向，必须要对其加以深入研究、分析和认真贯彻落实。

绿色发展理念的形成不是一蹴而就的，它是根植于特定的社会发展背景，并在继承前人优秀理论成果和总结我国社会经济发展经验的基础上所形成的科学理论体系。

一、绿色理念提出的社会背景

首先，从全球范围看，生态环境日益恶化迫使人们重新思考发展模式。毋庸置疑，工业文明开启了人们的现代化生活，使人类创造了前所未有的巨大财富。然而，它也造成了严重的生态破坏和环境污染问题。由此可见，“我们的发展速度越来越快，但我们却迷失了方向”。尤其是全球性的生态危机日趋加深，不仅严重影响着各国的现代化进程，而且使鸡犬相闻的“地球村”饱受痛苦。毫不夸张地说，如果人类仍罔顾自然环境恶化，一味追求经济发展，漠视由人与自然之间的矛盾所引发的社会问题和发展问题，那么，人类社会的“‘终极衰退’随时都可能来临”，最终人类的生存和发展也会陷入难以为继的困境。在全球生态环境日益恶化的大背景下，各国开始重新思考人与自然的关系，纷纷将保护生态环境作为一项重要的施政纲领，希望寻求一种可持续的发展模式。习近平正是基于这样的国际背景，适时提出了具有战略意义的绿色发展理念。

其次，从国内看，“经济新常态”迫切需要解决我国现代化进程中的生态难题。进入 21 世纪以来，我国的生态环境压力在一定程度上得到缓解，但是“生态总体恶化的趋势尚未根本扭转”。当前，传统经济发展模式所带来的资源浪费、生态破坏、环境污染等问题，导致人口、资源、环境之间的矛盾日益尖锐，这成为制约中国经济社会可持续发展的瓶颈。同时，当前我国经济发展进入新常态，在经济总量跃居世界第二的同时，出现了一系列新情况、新问题，“经济发展正处于增长速度换挡期、结构调整阵痛期和前期刺激政策消化期‘三期叠加’阶段，面临着经济发展速度换挡节点、经济发展结构调整节点和经济发展动力转换节点”。而要想加快解决我国经济发展进入新常态后出现的一系列生态问题及其引发的社会问题，就必须正确处理经济发展和生态保护之间的关系。鉴于此，绿色理念应运而生。

二、绿色理念的理论来源

（一）继承了马克思主义生态思想

马克思主义生态思想指出，人是自然界的组成部分，生存于自然界之中，理应遵循自然演化的基本规律。人与自然是一个完整的有机整体，人与自然的和谐发展是社会发展的理想和目标。马克思和恩格斯十分肯定自然对于人类的先在性，强调自然界先于人类历史而存在，人是自然界长期发展的产物。恩格斯指出：“人本身是自然界的产物，是在自己所处环境中并且和这个环境一起发展起来的。”从这个意义上来说，人对自然存在依赖性。同时，人又是有意志、有意识的自然存在物，以其独有的主观能动性时刻改造着自然界。恩格斯曾说，劳动是人与自然之间的过程，是人以自身的活动来引起、调整和控制人与自然之间的物质变换的过程。人以创造性的实践活动来改造自然，但这种改造并不是随心所欲的，因为人在自然界中所从事的一切活动必须遵守自然条件和自然规律，否则，必然会招致自然的惩罚。绿色发展理念契合了马克思主义生态思想的精华，在深刻分析时代进步和我国国情的基础上进行发展创新。他强调：“人与自然是相互依存、相互联系的整体，保护自然环境就是保护人类，建设生态文明就是造福人类。”人类不是自然的征服者，而是对自然一刻也不能脱离的依赖者。

（二）汲取了人类文明史上有益的生态思想

在人类文明发展史上，哲学家们从不同角度关注着人与自然的关系，凝聚了人类对人与自然关系的深刻认识，孕育了丰富的值得推崇和弘扬的生态思想。比如，古希腊时期以主客二元对立为主要内容的朴素自然观；18 世纪法国启蒙运动时期在人与自然的关系中提出的“地理环境决定论”，认为人的行为方式等受地理环境的影响；20 世纪中叶的系统自然观，承认自然界、承认主体与自身之外的一切客体都是相互联系的有机整体。我国传统儒家文化推崇“天地变化，圣人效之”，肯定人与自然的内在统一。道家文化以“道”为本源，强调“道法自然”，主张“天地与我并生，万物与我为一”，表达了天人之间的互联互通。总而言之，中国传统文化中的“天人合一”思想，强调“物我一体”，人与自然万物和谐共生，追求人与自然的整体和谐。另外，20 世纪六七十年代以来由于全球生态环境问题日益突出，兴起了如生态政治学、生态伦理学、生态社会学等各种新兴理论，为习近平绿色发展理念的形成提供了丰富的理论材料。

（三）传承了马克思主义生态思想的优秀成果

在我国，绿色发展理念是立足于中国国情，在以人民为中心的思想导向下，凝结了几代党中央领导集体的智慧而提出的。新中国成立初期，兴建了大量工业，随之而来的是大量污染物的排放。在面对日益严峻的资源投入与环境污染之间的矛盾时，毛泽东指出：“天上的空气，地上的森林，地下的宝藏，都是建设社会主义所需要的重要因素”，充分肯定了自然界在生产实践中的重要地位，为绿色发展理念的提出奠定了坚实的基础。习近平总书记正是在继承和发扬党的历代领导集体绿色发展思想的基础上，创造性地提出了“绿色发展理念”，将中国的生态环境保护问题上升到前所未有的新高度。

第二节　绿色理念的内涵

一、绿色理念是科学发展观的体现

绿色理念是把马克思主义生态理论与当今时代发展特征相结合，又融汇了东方文明而形成的新的发展理念；是将生态文明建设融入经济、政治、文化、社会建设各方面和全过程的全新发展理念。绿色理念是我们对改革开放以来经济社会发展实践的规律性认识和理性反思得出的科学结论。改革开放40年来，我国社会、经济生活的方方面面均取得了前所未有的发展和进步，成功地走出了一条非常规跨越式的发展道路，完成了发达国家二三百年才能完成的历史任务，同时根据“时空压缩”理论，发达国家二三百年中陆续出现、不断解决的矛盾与问题也集中到了这40年的时空中，使我国的改革发展面临着十分严峻的挑战。其中一个突出的矛盾和问题是，资源环境承载力逼近极限，高投入、高消耗、高污染的传统发展方式已不可持续。粗放型发展方式不但使我国能源、资源不堪重负，而且造成大范围雾霾、水体污染、土壤重金属超标等突出的环境问题，减少环境污染、保护生态，刻不容缓。绿色理念以人与自然和谐为价值取向，以绿色低碳循环为主要原则，以生态文明建设为基本抓手。绿色理念的提出，既是突破资源环境瓶颈制约、保护生态环境的必然要求，也是调整经济结构、转变发展方式、实现可持续发展的必然选择。

二、绿色理念是生态文明理念的重要组成

绿色理念是生态文明理念的重要组成部分。不仅要在社会生产方面贯彻绿色发展理念，而且要在生活方式方面引入绿色理念，树立“绿色发展人人有责”的意识。积极培育生态文化、生态道德等价值观，引导人们形成勤俭节约、绿色低碳、文明健康的生活方式和消费模式，自觉抵制和反对各种形式的奢侈浪费、不合理消费。积极引导消费者购买节能环保低碳产品，大力倡导绿色低碳出行，倡导绿色生活和休闲方式，努力使绿色发展、绿色消费和绿色生活方式成为每个社会成员的自觉行动。

良好的生态环境是人类生存与健康的基础，人们渴望青山绿水好空气。但是近些年很多地方雾霾频发、青山不再、绿水难寻，生态环境问题矛盾突出。对于这些问题，很多人把矛头指向了污染企业。关于如何有效治理雾霾，2015年人民网的两会调查显示，超1/4网友认为关停污染企业可有效治理雾霾。针对这一误区，我们有必要强调绿色是“发展”的理念，而不能因为环保打破工业化进程，自毁家业，去工业化。2015年和2016年中央经济工作会议都提到了“三去一降一补”的具体任务，其中“去产能”去的是利润低、高污染的过剩产能，为的是转变经济增长方式，调整经济结构，同时保护环境，与西方希望我们去产能完全不是一个概念。他们的去产能概念确切的是“去工业化”。我国强大的工业产能实际上是我国在世界上拥有的独一无二的巨大优势，这种优势不仅可以为国家带来安全和稳定，而且可以使得我国能调动世界上的资金和资源，并将这些资源变成投资，化作贸易，最终形成现代

化经济体系。本质上说，西方国家希望我国做的去产能本质上是去工业化。我们应该吸取南非去工业化的惨痛教训，要有战略定力，按计划推进工业化进程，去低端、过剩的产能，对于支撑我国战略的中高端产能，不但不应该去，还应该继续推进技术改造。我们要有这样一个共识：污染是工业化的伴生品，是人们生活水平提升所付的代价，越是面临污染，就越要大力发展工业，因为工业越发达，越能根治污染。反之，如果为了环保去工业化则污染就越严重，甚至会影响国家安全。但这并不意味着我们要对污染放任自流、无动于衷，我们需要在确保经济平稳的情况下积极治理污染，适度调整能源结构，实现绿色发展。

三、绿色理念是五大发展理念的融合与体现

习近平总书记指出："五大发展理念是不可分割的整体，相互联系、相互贯通、相互促进，要一体坚持、一体贯彻，不能顾此失彼，也不能相互替代。"创新是引领发展的第一动力；协调是持续健康发展的内在要求；绿色是永续发展的必要条件和人们对美好生活追求的重要体现；开放是国家繁荣发展的必由之路；共享是中国特色社会主义的本质要求。绿色发展理念作为五大发展理念之一，它并不是孤立存在的，而是同其他发展理念相互贯通、相互促进，是具有内在联系的集合体。绿色发展是创新发展的重要目标，创新发展又为绿色发展提供动力和技术支持；绿色发展是协调发展的重要条件，协调发展又为绿色发展提供了良好的发展环境和精神支持；绿色发展是开放发展的重要领域，开放发展又为绿色发展提供更广阔的空间和自我完善、提高的途径；绿色发展是共享发展的重要内容，共享发展又促进了绿色发展。所以要把绿色发展理念融入经济建设、政治建设、文化建设、社会建设各方面和全过程，并树立生态观念、完善生态制度、维护生态安全、优化生态环境，形成节约资源和保护环境的空间格局、产业结构、生产方式、生活方式等。

第三节　绿色理念的时代意义

党中央在综合国力显著提升、人民生活水平显著提高、经济发展进入中高速增长的背景下，把绿色发展作为引领国民经济发展和社会发展的新理念提出来，具有重要的时代意义。

一、呼应建设美丽家园的主题

联合国于 1972 年在斯德哥尔摩召开了人类环境会议，提出了"地球在我

们手中”的主题。联合国于 1987 年在东京召开第八次世界环境与发展委员会，发表了《我们共同的未来》的研究报告。这篇报告以“可持续发展”为基本纲领。联合国于 1992 年在里约热内卢召开环境与发展会议，各国在可持续发展方面取得共识。联合国于 2012 年在里约热内卢召开了可持续发展大会，提出了发展绿色经济的构想。在 2014 年的联合国环境大会上，各与会国围绕联合国千年发展目标，再次研讨可续发展的目标与部署问题。可见，在“可持续发展”的主题上，在建设“美丽地球”的共同目标上，全世界各个国家、各个民族和各个地区已经结成了人类命运共同体。我国在 2010 年时国内生产总值已经超过日本，成为世界第二大经济体。作为世界第二大经济体，我国就必须肩负起一个大国在世界舞台中的责任。习近平总书记在 2013 年 7 月 18 日在生态文明贵阳国际论坛 2013 年年会致贺信中指出：“中国将继续承担应尽的国际义务，同世界各国深入开展生态文明领域的交流合作，推动成果分享，携手共建生态良好的地球美好家园。”党中央在十八届五中全会中，提出“坚持绿色发展，着力改善生态环境”的新发展理念，正好呼应了当今世界对建设美丽家园、美丽地球的时代主题。中国作为当代世界的一个大国，倡导绿色发展理念，践行绿色发展诺言，将是全人类和谐共处、永续发展的福祉。

二、彰显改善生态环境的决心

自党的十七大以来，党中央就把走生态良好的文明道路和建设生态文明社会作为国家经济与社会发展的主战略。时至十九大，党中央仍将加快生态文明建设和绿色发展作为未来建设的主旋律。习近平总书记于 2013 年 9 月 7 日在哈萨克斯坦纳扎尔巴耶夫大学发表演讲并回答学生们提出的环境保护问题时指出：“我们既要绿水青山，也要金山银山。宁要绿水青山，不要金山银山，而且绿水青山就是金山银山”。党的十八届五中全会把“坚持绿色发展，着力改善生态环境”确定为新的发展理念，并对绿色发展的具体举措和目标作了提纲挈领式的规定。习近平总书记在对《中共中央关于制定国民经济和社会发展第十三个五年规划的建议》进行说明时，强调“推进生态文明建设，解决资源约束趋紧、环境污染严重、生态系统退化的问题，必须采取一些硬措施，真抓实干才能见成效”。习近平总书记的讲话再次告诉我们，我们的绿色发展不是停留在真空中的口号，而是“行动”着的绿色发展，我们要用行动来践行绿色发展理念。换言之，作为引领“十三五”时期国民经济与社会发展的新发展理念的绿色发展，它彰显了我们国家对改善生态环境、建设美丽中国的决心和信心。

三、表达人民对建设优美环境的美好夙愿

改革开放四十年来，我国经济社会发展取得了举世瞩目的伟大成就，人们的生活水平得到显著提升，人们的生活条件得到根本改善。但是，经济社会迅速发展带来的环境恶化、生态失衡等生态环境问题也给人们带来了烦恼和痛苦，因此人们对改善生态环境的呼声也越来越高。党的十八届五中全会提出的“坚持绿色发展”的新理念，“着力改善生态环境”“筑牢生态安全屏障”的发展目标，正好反映了人们对建设美丽家园、优美环境的愿望和呼声。同时，党的十八届五中全会也明确提出，坚持绿色发展就是以实现“绿色富国、绿色惠民”和“为人民提供更多优质生态产品”为目标。由此可见，坚持绿色发展，就是要把通过绿色发展创造的绿色成果给人民带来真正实惠，以增进人民福祉。

第二章 市政工程概述

市政工程是指市政设施建设工程。市政设施是指在城市区、镇（乡）规划建设范围内设置、基于政府责任和义务为居民提供有偿或无偿公共产品和服务的各种建筑物、构筑物、设备等。市政工程一般属于国家的基础建设，是指城市建设中的各种公共交通设施、给水、排水、燃气、城市防洪、环境卫生及照明等基础设施建设，是城市生存和发展必不可少的物质基础，是提高人们生活水平和对外开放的基本条件。本章主要从市政工程的内涵、现代市政工程类型与作用，以及绿色理念下的工程施工要求与特征三个方面进行了探讨。

第一节 市政工程的内涵

一、市政工程是基础建设工程

人世间的任何工作，体现在老百姓身上，实际就是吃穿住行，而市政工程正是基础工程，离开市政工程，就不存在吃穿住行，老百姓就难以生存。比如，人离不开市政工程中的道路工程、给排水工程等。

二、完备的市政工程是社会发达的标志

没有以前的“三（水、电、路）通一平（场地）”和现在的“五通（水、电、气、电讯、路）一平（场地）”，何来投资，何来建设，何来发达。发达国家之所以发达，原因之一就是市政工程趋向完备，使居住者感到人居环境不错。

三、市政工程是物质与精神文明的尺度

城市的市容应如人的面容一样整洁，没有市政工程就谈不上文明。市政工程直接表现了社会文明程度的高低。

第二节　现代市政工程类型与作用

一、现代市政工程的类型

市政工程分为大市政工程和小市政工程。

大市政工程是指道路交通工程、河湖水系工程、地下管线工程、架空杆线工程和街道绿化工程等城市公用事业工程。

①道路交通工程，如道路交通设施、铁路及地铁等轨道交通设施。

②河湖水系工程，如河道、桥梁、引（排）水渠、排灌泵站、闸桥等水工构筑物。

③地下管线工程，如常见的供水、排水（包括排雨水、污水）供电、通信、供煤气、供热的管线部分及特殊用途的地下管线和人防通道等。

④架空杆线工程，如不同电压等级的供电杆线、通信杆线、无轨杆线及架空管线。

⑤街道绿化工程，如行道树、灌木、草坪、园林小品（街道绿化中的假山石、游廊、画架、水池、喷泉等）等。

小市政工程是指民居小区、厂区排水及道路工程等。

二、现代市政工程的作用

市政工程是城市的重要基础设施，是城市必不可少的物质基础，是城市经济发展和实行对外开放的基本条件。西方发达国家的工业都是伴随着市政、交通、能源基础设施发展起来的，许多发展中国家的工业化都是以大力发展基础设施为前提的。建设现代化的城市必须有相应的基础设施，使之与发展各项建设相适应，以创造良好的投资环境和生活环境，提高城市经济效益和社会效益。

不同的城市，由于经济、社会结构和发展方向不同，对城市基础设施在质量上的要求就会有所不同。一定的城市人口，或者一定的城市用地和建筑面积，或者一定的生产能力和服务设施，需要与相应的城市基础设施相配合。例如，大城市，尤其是特大城市，人口稠密，市区面积大，因此用水量的增大势必造成引水和供水距离的延长；交通出行距离长，输出入和过境物资过多，也将导致道路宽度和道路网密度的大幅度增加。因城市客流量的剧增及地面交通的饱和，往往不得不建设地铁等快速轨道交通。中小城市人口与市区面积有限，生产与服务设施规模不大，供水一般能就近、就地解决，交往出行的距离不会太长，流动人口和过境物资不会太多，环境维护与治理也比较简便。

不同发展水平的城市，对基础设施的需求也是有所不同的。城市经济发达，意味着生产技术水平与专业化协作程度高，城市的吸引力和辐射作用大，要求城市拥有相应不断完善的基础设施。这必然对城市的供水、排水、燃气、集中供热、道路等基础设施提出了更高的要求。相反，城市经济不发达，说明生产力水平与专业化协作程度不高，城市的建设、发展及其作用自然受到制约，城市基础设施同样也只能停留在较低水平上。

城市的供水、排水、燃气、供热、道路、防洪等，同时具备直接为生产和生活服务的职能。比如，城市供水设施既向企业提供生产用水，又向居民提供生活用水；城市排水设施既排放、处理工业污水，又排放、处理生活污水；城市道路桥梁既通行生产用车，又通行生活用车；城市防洪设施既保障生产安全，又保障人们生活安全。

各项市政工程与城市其他建筑工程相比，具有投资大、工期要求紧的特点，特别是水源、气源、桥梁、防洪工程建设，少则几千万元，多则上亿元，而且工程大部分是地下工程和基础工程，需要提前安排。在施工顺序上需要先行一步，所以有其建设的先行性。同时，城市的生产和人口一般都是同步增长的，而大部分基础设施项目，如供水、排水、燃气等的规模不能因需求的少量增加而对其进行相应的扩大，而只能按一定等级阶段性发展；还有相当一部分基础设施，如道路、桥梁和各种管线，建成后如需拓宽和增容，工程难度大，拆迁费用昂贵，而且还影响其他设施的正常运转。所以，这些基础设施不仅要提前安排好，而且在设计上要留有充分的余地，只有这样才能保证它与城市其他建设同步形成和协调发展。

第三节　绿色理念下的工程施工要求与特征

市政工程作为我国建设工程的重点工程之一，其实施的环保性一直以来受到广泛的关注。绿色施工是促使市政工程健康发展的必由之路，也是提高人们生活质量的有效方法。

一、绿色理念下工程的施工要求

（一）结合气候特征进行施工

结合气候特征进行施工是指在选择施工方法、施工机械、安排施工顺序、布置施工场地时应结合气候特征，合理安排施工顺序，使会受到不利气候影响的施工工序能够在不利气候来临前完成。比如，在雨季来临前，完成土方工程、基础工程的施工，以减少地下水位上升对施工的影响，减少其他需要增加的额外雨季施工保障措施。在冬季、雨季、风季、炎热夏季施工中，应针对工程特点，尤其是混凝土工程、土方工程、深基工程、水下工程和高空作业等施工过程，选择适合的季节性施工方法或有效措施。

（二）科学管理

实施绿色施工，必须实施科学管理，提高企业管理水平，使企业实施绿色施工制度化、规范化，充分发挥绿色施工对促进可持续发展的作用。提高工程质量，降低日常运行成本，保证使用者的健康和安全，是实现可持续发展的体现。

（三）合理利用资源

减少资源的消耗、节约能源、提高效益、保护资源是可持续发展的基本要求，资源回收再利用是减少资源占用的主要手段。合理安排施工顺序，使用绿色建材和更安全的生产方式。

（四）尊重原有生态环境

在满足施工、设计和经济方面的要求的前提下，尽量减少清理和扰动的区域面积，尽量减少临时设施、减少施工用线。合理安排用作仓储和临时设施建设场地，减少材料和设备的搬动，场地通道要多绿化、无扬尘。分析建筑垃圾的回填或埋填对场地生态环境的影响。将场地与公众隔离。

（五）健全和完善相应法规体系

只有相关法律法规和标准化体系得以健全和完善，各工程项目施工主体才能同心协力，共同促进绿色施工的推进，保证企业良性推进绿色施工，进而实现市政工程绿色施工的常态化和制度化。

（六）强化绿色施工意识的宣传

要在社会、法律、文化等方面来挖掘和规避推进绿色施工过程中所面临的各种难题和挑战，持之以恒地推进对从业人员的宣传教育工作，不断提高相关人员对绿色施工的认识，调动民众参与监督绿色施工的积极性，是推进我国市政工程绿色施工的必要手段和必经途径。

（七）加强绿色施工技术和管理创新应用研究

应全面进行绿色施工技术的创新工作，建立相关技术产、学、研一体化的应用机制，淘汰落后施工方法和技术，有效推进施工信息化和工业化，以及绿色施工的进度。

绿色施工理念在市政工程中的运用是我国市政工程建设的发展方向，所以，我们要大力推广绿色施工技术在市政工程中的应用，不断改进绿色施工技术，提高施工人员的综合素质和环保理念，充分发挥绿色施工技术的优势，实现市政工程建设的可持续发展。

二、绿色理念下工程的施工特征

（一）系统化

系统化主要是指施工的设计、施工的准备、施工的运行和施工过程中采取节能环保措施，要把这些环节系统地结合起来，全面贯彻和实施绿色施工理念。

（二）社会化

社会化是指工程施工的各个要素都离不开社会因素。例如，材料的选择、设备的操作和绿色环保设施的应用，以及对整个施工工程的监督和检查，都需要社会人员的参加以执行绿色施工理念，完善绿色工程的施工。

（三）一体化

在绿色理念的影响下，施工的过程中在设备的使用方面我们采用一体化的模式，以减少机器设备的数量，减少能源的消耗，促进环境保护的升级，同时也降低机器设备的损耗，降低工程成本。

第三章 市政道路工程施工技术

随着我国经济建设的快速发展以及城市化进程的不断加快，道路交通建设也迅猛向前推进。市政道路作为公共基础设施，其施工质量得到了很大的提高，在保障市民正常出行及促进经济发展中显得越来越重要。本章主要从市政道路工程建设现状、市政道路工程设计以及绿色理念下的市政道路工程施工技术三个方面进行了探讨。

第一节 市政道路工程建设现状

目前，我国社会经济发展空前迅速，私家车保有量逐年增高，在促进交通事业快速发展的同时也对道路的使用性能提出了更高的要求。因此要选择合理的施工技术，加强施工过程的质量管理和控制，保证良好的道路使用性能。但是从目前的情况来看，我国在市政道路施工过程中还存在很多问题。

一、盲道设计不合理

盲道是市政道路工程中的重要组成部分。但是，针对这方面的设计经常达不到理想的效果，而且还存在很多问题。一是目前有些城市的盲道并没有形成网络，这就使盲道和盲道之间出现中断，不利于盲人的安全出行。二是盲道设计中人行道和缘石坡道设计不合理，而且在盲道中还经常有井盖等，对盲人的出行产生不利影响。三是盲道上经常都有提示音，为盲人指明方向，但是目前盲道上的提示音往往与指示方向不一致，导致盲人对方向的判断失误，特别是一些医院、超市、学校的指示不是很明确。四是对盲道的转弯点、起始点等没有提示，而且在道路交叉口的开口度比较大时，经常出现中断现象，影响盲人出行。

二、施工人员素质有待提高

市政道路规划设计人员和施工人员的工作素质是很关键的，是市政道路系统发展的关键，但是目前很多市政道路规划设计和施工人员并不具有很强的专业素质，并且工作责任心也有待提高，这样的工作人员有碍市政道路设施施工正常有序地进行。没有高素质人才的输送，也就没有新技术的产生。

三、附属设施的施工图设计不合理

在整个市政道路工程施工之前必须设计出合理的施工图。市政道路施工图不仅包括路面的结构设计，还包括各组团道路的平面设计，以及市政道路的附属设施。当前市政道路附属设施存在的施工设计不合理的问题，特别是没有处理好各种管线工程和相邻城市道路配套设施之间的设计，如坡度设计不合理、偏角设计不合理等，并没有引起相关人员的重视。

四、路网结构设计与整体布局不合理

城市道路之间纵横交错，形成城市的交通网络。当前有部分市政道路在路网结构设计方面存在不合理现象，对整个交通网络的正常运转带来了不良影响。例如，有些市政道路之间缺乏过渡设施，在车流量大的时候基本都拥堵在主干道上，影响人们的正常出行。还有部分市政道路整体设计缺乏一定的科学性。相关单位只注重局部道路工程设计，忽略了城市道路整体布局的科学性，这就使得有些市政道路与城市交通发展现状不匹配，影响其他相邻道路交通。这也是目前市政道路设计过程中出现的最为突出的问题。

第二节　市政道路工程设计

一、市政道路设计概述

（一）道路设计的目标与要求

1. 道路设计的目标

城市道路设计的目标是在城市规划范围内，应用各类专业技术经济合理地实现城市道路的各项功能要求。

城市规划范围主要是城市道路平面线形规划范围，包含根据道路路网规划确定的道路走向和道路之间的方位关系；根据行车技术要求确定的道路用地范围内的平面线形，以及组成这些线形的直线、曲线及其相互衔接关系。

城市道路主要有四种功能。

（1）交通设施功能

交通设施功能即交通功能，是指对应于由城市各种活动产生的交通需求的交通供给功能，包括交通运输功能、交通集散功能。交通功能是城市道路的最基本功能。

（2）公用空间功能

城市道路空间除了具有采光、日照、通风及景观作用以外，还为城市其他基础设施，如自来水、排水、电力、电信、热力等管线提供布设空间。地面轨道交通、轻型轨道交通、地下铁道交通等也往往敷设在城市道路用地范围以内。

（3）防灾救灾功能

道路的防灾救灾功能包括避难场所功能、防火带功能、消防和救援通道功能等。

（4）城市结构功能

城市道路网的形式将直接决定城市平面结构和城市发展趋势。通常干线道路形成城市骨架，支路则形成街区，城市的发展是以交通干道为骨架，然后以骨架为中心向四周延伸。

2. 道路设计的基本要求

城市道路的服务对象是“人”，在道路规划设计中应始终贯穿“以人为本”的设计理念，这也是最基本的设计要求。城市道路设计应保证多种交通方式的安全性，创造安全、通畅、舒适、宜人的交通环境，实现城市的可持续发展。

城市道路设计的基本要求包括以下几方面。

（1）用地要求

良好的道路设计应紧密结合城市用地的功能区，根据用地性质和功能区的要求提供合适的交通服务模式。

（2）空间要求

依据空间功能，将道路空间划分为步行和自行车空间、公共设施空间、公共交通空间、机动车空间、道路其他空间，实现空间划分与系统功能的紧密结合。

（3）路权分配要求

城市道路设计应从以机动交通为中心转变为综合考虑行人、公共交通、自行车、机动车等多种交通方式，应根据道路等级及服务对象优先权的不同，合理分配道路资源。

（4）交通设计要求

交通设计通过量化分析各交通系统设施的供应能力，提出合理的交通组织设计方案，为后续道路工程方案设计提供依据。

（5）风貌控制要求

城市道路设计中应加强景观设计与城市设计的衔接，充分结合城市自身特点，根据规划提出的远期控制目标和近期实施指导性要求，针对空间组合、景观风貌、建筑特色、道路宽度，甚至断面布局等进行综合设计。

（6）精细化和人性化要求

城市道路设计应充分考虑城市公共空间的主体——人，设施设计要体现对人的关怀，如无障碍设施、行人二次过街、交通稳静化设计等要求，集功能与环境景观于一体。

（二）道路设计的基本要点

1. 道路横断面构成要素

与公路不同，城市道路一般设计得较宽阔，为了适应复杂的交通工具，多划分为机动车道、公共汽车优先车道、非机动车道等。道路两侧有高出路面的人行道和房屋建筑，人行道下多埋设公共管线。公路则在车行道外设路肩，两侧种行道树，设置边沟排水。

具体来说，城市道路有以下组成要素。

①车行道，即供各种车辆行驶的道路部分。其中，供汽车、无轨电车等机动车辆行驶的称为机动车道；供自行车、三轮车等非机动车行驶的称为非机动车道；供轻型轨道车辆或有轨电车行驶的称为轻轨线路或有轨电车道。

②路侧带，即车行道外侧缘石至道路红线之间的部分，包括人行道、设施带、路侧绿化带三部分。

③分隔带，即在多幅道路的横断面上，沿道路纵向设置的带状分隔部分，其作用是分隔交通流、安设交通标志和设立公用设施等。

④道路交叉口和交通广场。

⑤停车场（带）和公交停靠站台。

⑥道路雨水排水系统，如街沟、雨水口（集水井）、检查井（窨井）、排水管等。

⑦地下管线，如污水、雨水、自来水、燃气、电力管、通信缆和热力管等。

⑧其他设施，如渠化交通岛、安全护栏（墩、柱）、照明设施、交通信号（标志、标线）等。

2. 不同类别道路的设计要点

（1）快速路

快速路要有平顺的线型，与一般道路分开，使汽车交通安全、通畅和舒适。与交通量大的干路相交时应采用立体交叉，与交通量小的支路相交时可采用平面交叉，但要有控制交通的措施。两侧有非机动车时，必须设完整的分隔带。横过车行道时，需经由控制的交叉路口或地道、天桥。

（2）主干路

主干路上的交通要保证一定的行车速度，故应根据交通量的大小设置相应宽度的车行道，以供车辆通畅地行驶。线形应顺捷，交叉口宜尽可能少，以减少相交道路上车辆进出的干扰，平面交叉要有控制交通的措施，交通量超过平面交叉口的通行能力时，可根据规划采用立体交叉。机动车道与非机动车道应用隔离带分开。交通量大的主干路上快速机动车，如小客车等，也应与速度较慢的卡车、公共汽车等分道行驶。主干路两侧应有适当宽度的人行道。应严格控制行人横穿主干路。主干路两侧不宜建筑吸引大量人流、车流的公共建筑物，如剧院、体育馆、大商场等。

（3）次干路

次干路一般情况下快慢车混合行驶。条件许可时也可另设非机动车道。道路两侧应设人行道，并可设置吸引人流的公共建筑物。

（4）支路

次干路与居住区的联络线，为地区交通服务，也起集散交通的作用，两旁可有人行道，也可有商业性建筑。

（三）道路设计主要依据与设计流程

1. 主要设计依据

（1）交通量

交通量是指通过道路某断面的车辆数。交通量是交通规划和管理、道路设计的重要依据。设计交通量是指为确定道路设计标准而定的交通量，是作为道路设计依据的交通量。设计交通量是用以确定道路等级、道路结构（车道数等）基础数据。

（2）设计速度

设计速度是确定道路设计几何线形的基本要素，它是指在气象条件良好，车辆行驶只受道路本身条件影响时，具备中等驾驶技术的人员能够安全、舒适行驶的最大速度。

《城市道路工程设计规范》CJJ 37—2012 中有关各级道路设计速度的规定如表 1 所示。

表 1　各等级道路设计速度

道路分类	快速路			主干路			次干路			支路		
设计速度（km/h）	100	80	60	60	50	40	50	40	30	40	30	20

（3）设计车辆及尺寸

设计车辆是指作为道路几何设计依据的车型。其外轮廓尺寸直接关系车行道宽度、弯道加宽、道路净空、行车视距等道路几何设计问题。

（4）设计年限

道路设计年限是指道路交通量设计年限，道路的正常工作年限，即在年限内不发生交通拥挤或堵塞。《城市道路工程设计规范》CJJ 37—2012 规定：快速路、主干路设计年限为 20 年；次干路设计年限为 15 年；支路设计年限为 10 ～ 15 年。

2. 道路设计流程

（1）城市道路设计的基本流程

城市道路设计按设计程序共分为前期工作和工程设计两部分。前期工作主要包括项目立项、预可行性研究和工程可行性研究。工程设计主要包括初步设计和施工图设计。基本流程如图 1 所示。

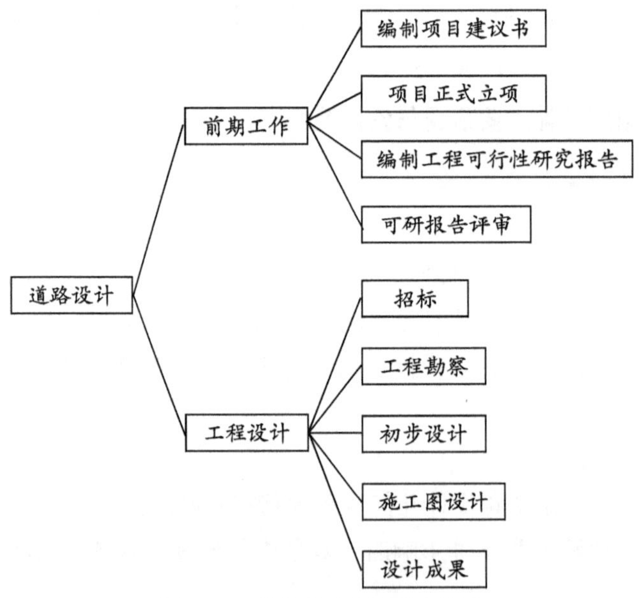

图 1　市政道路设计的基本流程

（2）城市道路设计成果

城市道路工程初步设计文件应包含设计说明书、工程概算、主要材料及设备表、主要技术经济指标、附件（工程可行性研究报告批复文件、勘测及设计合同、有关部门的批复以及协议、纪要等）、设计图纸。

（四）道路结构设计的基本要求

根据道路弹性层状理论以及分析结果，路面结构层受车辆荷载和自然因素的影响，随深度的增加而逐渐减弱。因此路面结构层各层对应的铺筑材料的强度、抗变形能力和稳定性等要求也随深度的增加而逐渐降低。根据这一特点，绝大部分路面结构是多层次的，按使用要求、受力状况、土基支承条件和受自然因素影响程度的不同，在路基之上采用不同规格和要求的材料，分别铺设垫层、基层和面层等结构层。

1. 路基性能要求

（1）路基性能要求的主要指标

路基既为车辆在道路上行驶提供基本条件，也是道路的支撑结构物，对路面的使用性能有重要影响。路基性能要求的主要指标包括两方面。

1）整体稳定性

在地表上开挖或填筑路基，必然会改变原地层（土层或岩层）的受力状态。原先处于稳定状态的地层，有可能由于填筑或开挖而引起不平衡，导致路基失稳。软土地层上填筑高路堤产生的填土附加荷载如果超出了软土地基的承载力，就会造成路堤沉陷；在山坡上开挖深路堑使上侧坡体失去支承，有可能造成坡体坍塌破坏，在不稳定的地层上填筑或开挖路基会加剧滑坡或坍塌。必须保证路基在不利的环境（地质、水文或气候）条件下具有足够的整体稳定性，以发挥路基在道路结构中的强力承载作用。

2）变形量

路基及其下承的地基，在自重和车辆荷载作用下会产生变形，如地基软弱填土过分疏松或潮湿时，所产生的沉陷或固结、不均匀变形，会导致路面出现过量的变形和应力增大，促使路面过早被破坏并影响汽车行驶舒适性。由此，必须尽量控制路基、地基的变形量，才能给路面以坚实的支撑。

（2）路面使用要求指标

路面直接承受行车的作用。设置路面结构可以改善汽车的行驶条件，提高道路服务水平（包括舒适性和经济性），以满足汽车运输的要求。路面的使用要求指标包括六方面。

1）平整度

平整的路表面可减小车轮对路面的冲击力，行车产生附加的振动小，不会造成车辆颠簸，能提高行车速度和舒适性，不增加运行费用。依靠优质的施工机具、精细的施工工艺、严格的施工质量控制及经常、及时的维修养护，可实现路面的高平整度。为减缓路面平整度的衰变速率，应重视路面结构及面层材料的强度和抗变形能力。路面平整度测试方法有三米直尺法、连续平整度仪法及车载式颠簸累积仪法等。

2）承载能力

车辆荷载作用在路面上，使路面结构层内产生应力和应变，如果路面结构层整体或某一结构层的强度或抗变形能力不足以抵抗这些应力和应变时，路面便出现开裂或变形（沉陷、车辙等），降低其服务水平。路面结构层暴露在大气中，受到温度和湿度的周期性影响，其承载能力也会下降。路面在长期使用中会出现疲劳损坏和塑性累积变形。需要维修养护，但频繁维修养护势必干扰正常的交通运营。为此，路面必须有足够大的承载能力。国内外普遍采用回弹弯沉值来表征路面的承载能力，回弹弯沉值越大，承载能力就越小。通常采用贝克曼梁弯沉仪、自动弯沉仪和落锤式弯沉仪测定路面弯沉值。

3）稳定性

路面材料，特别是表面层材料，长期受到水文、温度、大气因素的作用，材料强度会下降，材料性状会变化，如沥青面层老化，弹性—黏性—塑性逐渐丧失，最终路况恶化，导致车辆运行质量下降。为此，路面必须保持较高的稳定性，即具有较低的温度、湿度敏感度。

4）抗滑能力

光滑的路表面使车轮缺乏足够的附着力，汽车在雨雪天行驶或紧急制动或转弯时，车轮易产生空转或溜滑危险，极有可能造成交通事故。因此，路表面应平整、密实、粗糙、耐磨，具有较大的摩擦系数和较强的抗滑能力。路面抗滑能力强，可缩短汽车的制动距离，降低交通安全事故发生的频率。路面抗滑性能一般用轮胎与路面间的摩擦系数和表面宏观构造深度来表征。目前常用的抗滑性能测试方法有铺砂法、激光构造深度仪法、摆式仪法等。

5）透水性

路面应具有不透水性，以防止水渗到道路结构层和土基，致使路面的使用功能丧失。路面渗水性能不仅可以间接反映沥青混合料的级配组成，也可评价沥青路面的水稳定性。所以路面渗水系数也是评价路面使用性能的重要指标之一。

6）噪声量

城市道路使用过程中产生的交通噪声，使人们出行感到不舒适，居民生活质量下降。城市区域应尽量使用低噪声路面，为营造静谧的社会环境创造条件。

2. 道路路面结构

道路根据路面结构与材料本身的特性可以分为刚性路面和柔性路面，其中刚性路面指的是刚度较大、抗弯拉强度较高的路面，一般为水泥混凝土路面；柔性路面在荷载作用下产生的弯沉变形较大、抗弯强度小，在反复荷载作用下产生累积变形，它的破坏取决于极限垂直变形和弯拉应变，一般指沥青混凝土路面。

（1）沥青混凝土路面

沥青混凝土路面是指在矿质材料中掺入路用沥青材料铺筑的各种类型的路面。沥青结合料提高了铺路用粒料抵抗行车和自然因素对路面损害的能力，使路面平整少尘、不透水、经久耐用。因此，沥青混凝土路面是道路建设中一种被最广泛采用的高级路面。沥青混凝土路面的沥青类结构层本身，属于柔性路面范畴，但其基层除柔性材料外，也可采用刚性的水泥混凝土，或半刚性的水硬性材料。

1）路面面层

路面面层是直接承受行车荷载作用及大气降水和温度变化影响的铺面结构层次，并为车辆提供行驶表面。它直接影响行车的舒适性、安全性和经济性，为环境带来不同程度的负面影响。因此，路面面层应具有足够的结构强度和稳定性，以及良好的表面特性。

2）路面基层

路面基层分为无机结合料稳定基层和碎砾石基层，起稳定路面的作用。路面基层是在路基（或垫层）表面上用单一材料按照一定的技术措施分层铺筑而成的层状结构，其材料与质量的好坏直接影响路面的质量和使用性能。

铺装一般为侧向支持铺面结构，在其外侧设有路肩，它使铺面结构过渡到无铺面的地表。路肩结构也是多层次的复合结构。为排除降落到铺面上的地表水，采用铺面表面排水措施；而为排除渗入铺面结构内的自由水，可设置铺面结构内部排水系统。

铺面是铺筑在地表的工程结构物，用以满足载运工具的地面行驶要求和堆载的地面堆放或停放要求。

（2）水泥混凝土路面

水泥混凝土路面是指以水泥混凝土为主要材料作面层的路面，简称混凝土路面，亦称刚性路面，俗称白色路面。它是一种高级路面。水泥混凝土路面有素混凝土、钢筋混凝土、连续配筋混凝土、预应力混凝土、钢纤维混凝土和装配式混凝土等各种路面。

二、市政道路设计的基本内容

（一）主、次干路设计的基本内容

城市道路网中，城市主、次干路及支路占比超过 90%。它们是城市道路的主要组成部分。相比城市快速路，这些道路的共同点是，除承担机动车交通以外，还需为非机动车和行人提供交通环境。

城市主、次干路及支路设计的主要内容包括平面设计、纵断面设计和横断面设计，通常简称为道路平、纵、横设计。

1. 平面设计

城市道路中线在水平面上的投影形状称为道路平面。城市道路的平面定线要受到路网布局、规划红线宽度和已有建筑物等因素的约束。城市道路平面线形只能局限在一定范围内，定线的自由度要比公路小得多。

2. 纵断面设计

通过道路中线的竖向剖面，称为纵断面。道路纵断面主要反映路线起伏、纵坡与原地面的高差情况等。纵断面设计主要根据道路等级、交通量大小、当地气候、海拔高度、地形、地质、土壤、水文及排水情况，具体确定路线纵坡的大小、变坡点位置的高程和竖曲线半径等。

3. 横断面设计

城市道路横断面设计包括机动车道、非机动车道、分隔带、路侧带（人行道、绿化带、设施带）等部分，断面形式按路幅可分为单幅路、双幅路、三幅路和四幅路，以及特殊情况下的不对称路幅。

（二）快速路设计的基本内容

城市快速路设计同样围绕着道路平、纵、横设计来进行。其中横断面设计变化较多，出入口设计则有其特殊性。

1. 基本要求

城市快速路横断面设计应符合城市道路规划。横断面布置应按地面快速路、高架快速路、路堑快速路和隧道快速路分别布设。城市快速路横断面可分为整体式和分离式。整体式横断面采用中央分隔带将上、下行车流分隔开来，车辆分方向单向行驶；分离式横断面上、下行路幅则应因地制宜分幅设计，上、下行车辆可在不同高程位置分方向单向行驶。

2. 车行道

（1）车行道宽度

车行道宽度包括主路宽度和辅路宽度两部分，一条机动车车道宽度为 3.25 ～ 3.75 m。

（2）集散车道

当快速路出入（上、下匝道）间距无法满足车辆交织以及加减速的要求时，应增设集散车道。

（3）变速车道

变速车道包括加速车道和减速车道，设在快速车道出、入口的衔接路段，与辅路或匝道相接。变速车道的长度应满足设计车辆加、减速行程要求。

（4）紧急停车带

为保证快速路通行能力及行车安全，四车道的快速路应在行车方向右侧设宽度不小于 2.5 m、连续或不连续的紧急停车带。

（5）辅路

辅路是指为解决快速路沿路两侧单位及街区机动车与快速路主路交通出入联系而设置的道路，同时承担沿线非机动车与行人交通。

3. 断面布置

城市快速路的路段横断面布置形式分为地面整体式、高架（隧道、路堑）整体式、高架分离式三种，以及由这三种派生出来的组合形式。

4. 出入口设计

快速路出入口是城市快速路区别于其他类型道路的交通特征之一。快速路出入口在位置、间距及端部的几何设计上，应保证不让主线的直行交通受到过大的干扰，并能稳定、安全、迅速地实现分、合流交通。

（三）道路交叉口设计的基本内容

1. 平面交叉

平面交叉设计原则包括以下几点。

①平面交叉口类型有十字形交叉、X 形交叉、T 形交叉、多路交叉及畸形交叉等。路口的选型应根据城市道路的布置，相交道路等级、性质、设计小时交通量、交通性质及组成和交通措施等确定。

②在规划设计交叉路口时，应尽量减少相交道路的条数，目的在于减少路口的汇合点和冲突点，平面交叉路口应避免 5 条以上道路相交，同时应避免设置错位交叉。

③平面交叉口间距应根据道路网规划确定道路等级、性质，计算行车速度、设计交通量及高峰期间最大车辆等待长度等。

2. 立体交叉

随着经济的快速发展，城市化进程逐年加快，车辆数量大幅度增加，机动车与非机动车，车辆与行人的相互干扰日趋严重，常规的平交路口交通方式已经不适应。为解决交通拥堵等问题，各大城市相继修建高架桥和快速路，对所有的交叉路口采用立体交叉，使原平交路口上的车流在不同高程上跨越，从空间上分开，各行其道，互不干扰，从而提高车速和路口通行能力。

（1）城市道路立交分类

城市道路立体交叉通常按功能不同可分为分离式立交和互通式立交两大类。

①分离式立交为相交道路在空间上彼此分离、上下道路间不相互连接、各自交通无法转换的交叉形式。一般根据跨越交叉口的方式不同，分为上跨式和下穿式分离式立交。

②互通式立交为相交道路在空间上的分离，上下道路通过匝道实现全部或部分的连接，以实现交通的互相转换。互通式立交根据交通功能可分为全互通式立交和部分互通式立交两类；根据相交道路的等级和类别可分为枢纽式互通立交和一般互通立交。此外，互通式立交还可以根据其几何形状、交汇道路的条数、立体交叉层数等进行分类。目前城市道路立体交叉常见的样式包括菱形、苜蓿叶形、环形等形式的立体交叉。

（2）立交主线的平、纵线形

①主线平面线形。立交主线为相交道路的一部分。其平面线形技术要求与路段相同。在进、出立交的主线段落，为了保证驾驶员对交通标志识别的要求，其行车视距宜大于或等于1.25倍的停车视距。

②主线纵坡与坡长。立交机动车道最大、最小纵坡应符合相关规范要求。最大坡长由设计车速和纵坡坡度控制，最小坡长由设计时速控制，且应大于相邻两个竖曲线切线长度之和。

三、绿色理念下的市政道路设计理念

（一）快速公共交通

快速公交系统，简称BRT，是目前世界上成功推广的一种新型公共交通措施。其投资及运营成本比轨道交通低，而运营效果接近于轨道交通。目前我国许多城市纷纷开展快速公交的规划研究和建设工作。北京、杭州等城市已开通了部分线路的运营。

1.快速公共交通的交通理念

快速公共交通是一种介于快速轨道交通（RRT）与常规公交（NBT）之间的新型公共客运系统。BRT利用现代化公交技术结合智能交通和运营管理，采用公交专用路和新式公交车站，实现轨道交通式运营服务。

BRT组成包括专用车道、专用车辆、专用车位和智能交通系统（ITS）等，这些元素构成了能够提高顾客出行的方便程度和系统性能的整体快速交通系统。

（1）专用车道

BRT 专用车道是确保 BRT 快速、畅通运行的基本保证。从实际应用形式、使用范围以及 BRT 车道的专用程度和服务档次的划分来看，BRT 在道路上的运行模式可以分为三类：使用公交专用路、使用公交专用道及使用与合乘车（HOV）共用车道。

（2）专用车辆

BRT 专用车辆，一般具有大容量、多车门、两边开门、乘坐舒适、智能型和使用清洁能源等特点。BRT 车辆一般应采用色彩鲜艳并统一的公交车辆，与普通公交车辆相区别。

（3）专用车站

BRT 专用车站具有检售票、等候车、上下客、行车信息发布等功能。开放式车站站台能配合公交专用道或公交专用路的设站地点，提供乘客所需要候车的空间，不采取进出管制。因此，可以保持原有公交线路的班次、收费等管理模式。

（4）智能化运营保障体系

BRT 运营保障体系包括运营组织机构和运营保障设施。运营组织机构包括项目规划及实施的管理机构、运营期的管理以及运营机构。运营保障设施一般包括智能化的交通管理手段。比如，道路交叉口采用公共交通信号优先系统、公交车辆采用全球定位系统、公交运营车站采用信息管理系统等。

2. 快速公共交通通道设计

（1）车道设置方式

BRT 公交专用道在道路横断面中的布置，应根据不同道路等级、功能、空间条件等综合分析确定，一般在道路中央布置方式划分为整体式断面和分离式断面两种。在道路路侧布置的 BRT 公交专用道一般适用于道路等级较高、相交道路及出入口较少的道路。

（2）BRT 站台设置

快速公交（BRT）车站间距一般为 600 ～ 1000 m。BRT 车站包括售票区、检票区和候车区三部分。车站布置形式一般为岛式站台和侧式站台，在设计过程中应综合道路空间条件确定。

（3）BRT 沿线交通渠化及信号控制

BRT 线路通过的平交路口，除 BRT 专用路外，其他车道均应根据交叉路口交通流量情况进行渠化设计，交叉口进口段车道数应适当增加。在对片区路网加以分析的前提下，条件许可的路口应限制左转，保障交叉口通行能力。

BRT沿线信号控制，采用信号优先的原则，保证BRT车辆相对优先通过交叉口的同时，尽量减少对其他车流的影响，保障行人过街通行需求。

（二）无障碍步道体系规划与设计

为了使城市建设为残疾人和老年人等人群提供便利，城市规划建设过程中需要考虑无障碍步行道系统的规划和实施。目前主要的无障碍步行道系统主要是设置可供盲人判别走向的盲道系统，以及方便轮椅过街和上、下人行道的斜坡道等。无障碍步行道系统体现了一个城市的文明程度和城市建设以人为本的现代社会人文关怀。

1. 规划实施原则

（1）分区域、分阶段规划实施

盲道和残疾人坡道的建设应依据城市的具体情况和需求进行规划设计，分区域、分阶段实施，以保证设施的实用性和适用性。

（2）区域内贯通、区域外连续外延

规划一经确定，首先应保证实施区域内的无障碍步道体系的贯通，并具有向区域外延的连续性，外延过程中应注意盲道与人行天桥、坡道与人行横道的衔接问题。

2. 工程设计要点

以盲道为主的无障碍步道体系，是在人行道系统中设置一条具有适当宽度的带状范围，铺砌便于盲人辨别的步道砖，并以适当的坡道替代台阶，从而形成一个特殊的人行道体系。盲道一般设置在人行道中央，在路侧带较宽并设有绿化带的情况下，盲道可靠近绿化带设置，在所有人行道和台阶的衔接处设置坡道。

盲道砖分为行进盲道砖和提示盲道砖，行进盲道砖又分为直行和转向停步两种。盲道砖的强度和材料同人行道步砖。当遇地下设施井盖或地面障碍物时，应绕开布置盲道砖；在转弯或方向发生变化时，应设置提示盲道砖区，其范围应大于行进盲道的宽度。

（三）道路景观与绿化设计

1. 道路景观设计

道路不仅具有交通功能，而且在自然环境和社会环境中有其文化价值。这种价值很大程度上依赖于良好的道路景观设计。城市道路景观规划设计应与城市景观系统规划、城市历史文化环境保护规划、城市道路的功能性规划相结合，与城市道路的性质和功能相协调，充分考虑道路绿化在城市绿化中的作用，把道路绿化作为景观设计的一个重要组成部分。

2. 道路景观设计方法

（1）城市道路景观要素

城市道路景观要素可分为主景要素和配景要素两类。主景要素是在城市道路景观中起中心作用、主体作用的视觉对象，包括山景、水景、古树名木、主体建筑。配景要素是在城市道路景观中对主景要素起烘托作用，创造环境气氛的视觉对象，通常采用借景、呼应的手法表现，主要包括山峦地形、水面、绿地花卉、雕塑、建筑群。

（2）城市道路景观系统规划思路

①确定道路景观要素，即确定哪些景观（包括自然景点和人文景点）可以或应该成为城市道路的景观要素。②根据景观系统规划和历史文化环境保护规划的要求，对城市道路的环境气氛要求进行分析，确定景观环境气氛。景观系统的组合避免单调呆板的景观。

3. 道路绿化方法

道路绿化是指路侧带、中央及两侧分隔带、立体交叉、广场、停车场以及道路用地范围内的边角空地等处的绿化。道路绿化规划设计应注意：①利用绿化加强道路特性；②绿化宜结合地方特色；③绿化应注意多品种的协调和多种栽植方式的配合；④绿化要与其他街景元素相协调；⑤重视绿化对道路空间的分隔作用；⑥应用绿地作为街道与建筑连接的缓冲带；⑦重视绿化对行车视线的诱导作用；⑧绿化要保证道路有足够的净空；⑨注意功能与美观的结合。

（四）道路设计的生态理念与技术

城市道路的生态化设计的要点是将环境要素纳入设计考虑之中，减少道路在其减少全生命周期过程中对环境的负面影响，最终引导并实现绿色环保，功能高效，社会、经济、自然关系和谐统一的生态化城市道路。

1. 城市道路设计目标与原则

（1）城市道路设计的生态目标

城市道路设计的生态目标，就是在实现城市道路所需求的基本功能特性的同时，尽量减少城市道路对自然生态环境和城市生态环境平衡的负面影响，实现行车舒适安全、运输高效便利、景观和谐统一、生态环境可持续、经济合理，具有一定耐久性，将人、车、道路与社会、环境有机统一起来，协调发展的城市道路。

（2）城市道路生态设计的原则

1）资源节约

节约自然资源，降低能源和原材料的消耗，就是减少对生态系统的索取与破坏。保持自然环境的原生态，是最有利和最有效的环保方式。

2）低污染环保化

道路设计的生态化应充分考虑城市道路生命周期内的废弃污染物排放，减少城市道路在生产、施工和运营过程中对土壤、水和大气环境的污染与破坏，提高低污染、可回收再生材料的利用。

3）以人为本

城市道路的生态化设计必须遵从以人为本的原则，不仅应考虑道路使用者的安全舒适性，道路路线线形、道路景观与周边环境的协调性，还应注重缓解和减少城市道路对周边居民生活活动的影响，保证居民的生活品质。

2. 城市道路设计中的生态理念

（1）基础环保

设计中应充分重视对当地特有的自然与人文景观的保护，尊重城市的发展历史，减少对城市生态环境系统的破坏。在设计中不仅要考虑工程建筑物和构造物的实现，还应考虑在工程完工后，运用各种科技手段对工程施工中遭破坏的环境的恢复性设计或补偿性设计。城市道路只是当地自然环境的一部分，它本身并非一个完整的自我稳定的生态系统，应该将道路放在整个城市生态系统中综合考虑，考虑生态的连贯性和整体性。不同地域城市间的生态差异构成了城市间不同的地域特征，城市道路的生态设计应当根据城市当地的生态状况，选择有利于本地可持续发展的并与自然相融合的设计。

（2）可持续发展

城市道路的可持续性发展要以保护自然为基础，与资源和环境的承载能力相协调，发展的同时保护环境、控制环境污染、减少污染物的排放、改善环境质量等，保证能以持续的方式使用可再生资源，从而使人类的发展保持在地球承载能力之内。

（3）安全性

安全理念就是将“安全第一，预防为主”贯穿于城市道路设计的全过程阶段，提供有安全保障的道路给使用者。安全设计是道路生态设计的根本保证，缺乏安全保障的道路设计就不能被称为生态设计。

（4）以人为本

城市道路设计不仅要保证道路使用人员的安全性，同时要尽量提高道路使用人员的舒适性。道路使用者以一定的速度利用道路设施，这是一个动态的过程，因此在线形设计中应按照运行速度进行设计以适应驾乘人员交通心理需求上的动态特征。通过相关路线要素与设计速度的合理搭配，获得连续、一致的均衡设计。

（5）功能性与经济性

功能决定形式，城市道路的功能决定了设计的方向和目标。城市道路的功能性应包括行车舒适便捷、景观协调统一、具有一定的耐久性。传统的道路设计理念中，道路的功能主要在于交通运输、行车安全舒适和耐久，而新的生态设计理念应包括节能减排、低能耗低污染、节约资源，有效利用自然资源等作为生态城市道路的基本功能，同时还应结合功能实现的经济性、合理性，结合投入费用与环保效益的综合关系，力争实现功能性、环保性与经济性相适应的最优化组合设计。

（6）绿化环保

城市道路绿化是城市绿地、空间、人化自然的物质表现，主要包括城市道路绿地范围内的乔木、灌木、花草等绿色植物。城市道路的绿化具有保护自然环境的功能，合理地利用城市道路绿化设计，有利于减缓道路建设和运营带来的地貌破坏、水土流失，以及噪声和废气污染对城市生态环境的影响。

3. 城市道路生态环保技术

（1）环保路面技术

环保路面技术主要包括排水降噪沥青路面技术、温拌沥青混合料技术、彩色沥青路面技术等。

（2）路面再生技术

路面再生就是将旧路面经过路面再生专用设备的翻挖、回收、加热、破碎、筛分后，与再生剂、新沥青或乳化沥青、新集料等按一定比例重新拌和成混合料，满足一定的路用性能并重新铺筑于路面的一整套工艺。包括沥青路面再生和水泥混凝土路面再生技术。目前在国内主要有厂拌、路拌冷再生和热再生沥青路面技术。

（3）废弃材料利用

废弃材料利用是指将其他行业中废弃材料用于道路建设中，如废橡胶或废橡塑沥青混合料，废玻璃沥青混合料，脱硫石膏水泥稳定碎石等。

（4）环保设施的配套

城市道路的生态环保体系的建立离不开相关设施设置及其防治技术的运用。这些设施和技术包括防噪声设施（降噪屏、声屏障），道路雨水、污水处理、回渗循环利用设施等。

4. 城市道路生态设计中存在的问题

（1）材料工艺的可靠性

某种材料工艺在实践应用中能否解决或缓解其对应处置的目标，达到设计的目标效果，不形成额外的附加污染，以及这种材料或工艺能否满足性能要求，是否经济合理，是材料工艺选用的重要评价依据。相比于原有技术，新技术应该在道路的全寿命周期过程中拥有更好的使用性能和环保效果，不应通过牺牲使用性能或过量增加成本来获取短暂的环保效益。

（2）现有认识的局限性

技术的应用不能超越现有的科技发展水平，对材料、技术、工艺和方法的理解也不能跳出现有的认识水平。某种技术工艺是否会对环境形成影响，以及形成何种影响都将随着技术的进步发生不断的变化。城市道路的生态设计方法和理念应该随科技发展而不断进步，与时俱进。

（3）综合评价体系的缺失

不同的环保材料技术工艺针对的环境影响类型也不同。在减少对某一环境影响的同时可能带来另一方面的影响，这就需要通过相应的综合评价体系予以明确。然而，目前国内还缺少这样一套行之有效的环境影响评价体系。

第三节　绿色理念下的市政道路工程施工技术

一、市政道路施工总目标

城市道路交通的快速发展，以及人们对城区环境保护意识的不断增强，对城市道路施工提出了更高的要求。基于道路的长寿命设计理念及绿色环保概念，并结合道路安全文明施工要求，城市道路施工总体要求主要体现在“快速、安全、环保、使用寿命长”四个方面，在保证经济效益的同时，需保证良好的社会效益和环境效益。

快速强调的是施工周期短，快速开放交通，尽可能减少对周边交通及居民的干扰和影响。

安全突出的是道路施工不仅要保证对不中断交通的安全施工，也要保证行人的出行安全，不破坏地下及周边公共设施，并且在施工过程中减少有害气体、粉尘的排放，降低对工人及周边居民身体健康的影响程度。

环保是要求采用绿色环保的施工技术，有效利用旧路面材料，采用节能、减排、降噪等路面新材料，实现碳排放的大幅降低。

使用寿命长即要求在现有道路施工技术的基础上，针对不同道路的路面结构、交通荷载特点，采用具有良好耐久性的路用材料，通过合理的施工工艺，保证道路在一定年限内具有良好的路用性能，从而延长维修周期，减少维护费用。

由于城市道路基础一般都预埋了大量地下管线，受管线改造影响，城市道路往往面临“开膛破肚”的考验，对城市容貌也带来了很大的影响。因此，城市道路施工需与不同基础设施施工保持很好的协调性，否则很难实现“快速、安全、环保、使用寿命长”的施工总体目标。

二、市政道路施工概述

（一）道路施工主要内容

城市道路是一种由多层次结构层组成的复合结构物，施工时由下往上逐层铺装。

对于地面道路，在路基顶面通常分别铺设垫层、基层和面层等结构层。城市道路施工前，首先要针对道路设计的要求，对道路各结构层所采用的材料进行选择，并形成最优的组合方案。依据不同的施工材料选择合适的施工方法和施工作业程序。

城市道路施工总体包括施工准备、路基施工、路面施工等施工内容。

1. 施工准备

城市道路施工的前期准备包括施工测量放样、场地清理、临时设施及必要的交通便道的设置，落实配备施工材料和机具设备，落实现场接水接电等施工组织安排。

2. 路基施工

路基施工主要围绕土方作业进行，包括土石方开挖或路基填筑、压实并整修路基表面。根据场地原状土地基状况，路基施工同时包括必要的地基加固。城市公用管线一般结合城市道路范围布置，因此，城市道路路基施工中一项很重要的工作便是前期公用管线的施工及其协调配合工作。

3. 路面施工

路面施工包括垫层、基层和面层结构的分层铺筑。路面结构的铺筑应结合各结构层材料性质和施工条件等进行，主要包括摊铺、整形、压实和养生等各道工序。

（二）道路建筑材料

道路建筑材料是城市道路工程结构的物质基础，一般占整个工程造价的60%～70%。

城市道路建筑材料分类如图 2 所示，按道路结构层分布可将道路材料分为路基与填料、基层材料、面层材料以及层间黏结与防水材料。按材料性状，常用的道路建筑材料包括土、砂石材料、无机结合料及其混合料、有机结合料及其混合料、高分子聚合物材料及钢材和木材等。目前，道路建筑材料主要聚焦于高性能材料研制、复合功能型材料的应用、建筑废弃物和工业废渣循环利用以及节能环保材料的研发。

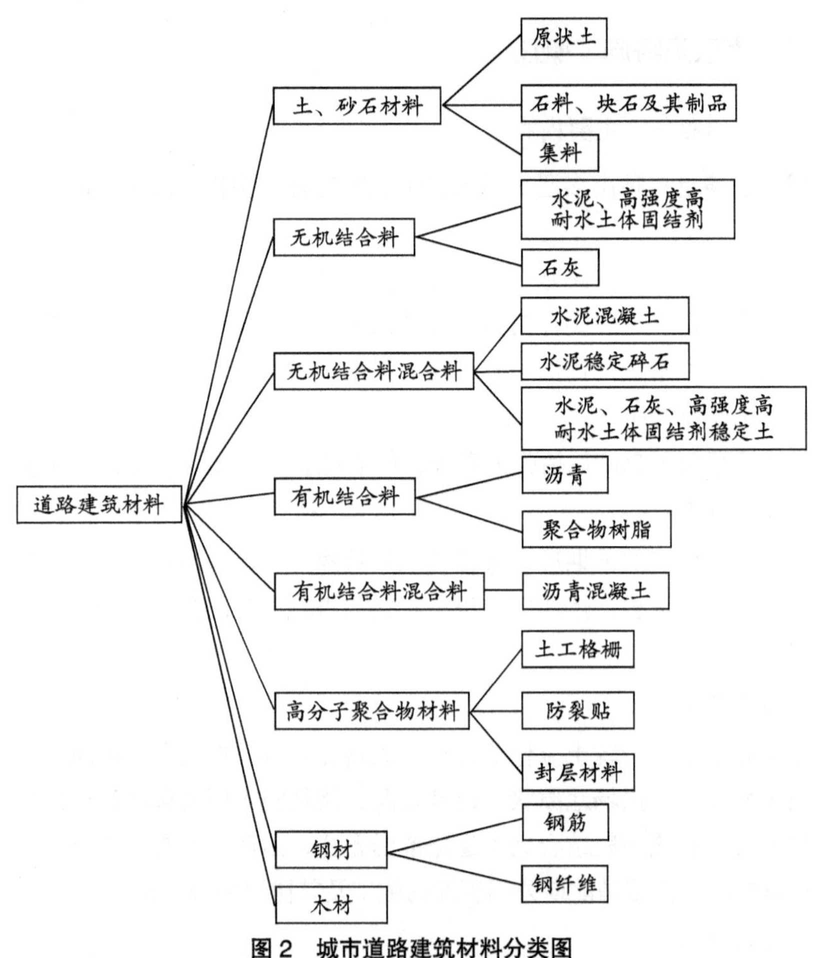

图 2　城市道路建筑材料分类图

1. **钢材和木材**

钢材一般用于重载水泥混凝土路面，可有效提升水泥混凝土路面的抗弯拉强度以及使用耐久性。但由于造价较高、维修不便，因此极少采用。钢筋混凝土路面配筋率为 0.1% ～ 0.2%，一般采用直径为 8 ～ 12 mm 的钢筋，纵筋间距 15 ～ 35 cm，横筋间距 30 ～ 75 cm。对于连续配筋水泥混凝土路面，其配筋率更高达 0.6% ～ 1.0%，能承受更庞大的交通荷载，但用钢多，造价高，施工较复杂。

钢纤维水泥混凝土路面，是在普通水泥或沥青混凝土中掺入 1.5% ～ 2.0%（体积比）的长 25 ～ 60 mm、直径 0.25 ～ 1 mm 的钢纤维，可有效提升混凝土材料的极限抗压强度、极限抗弯拉强度、抗疲劳和抗裂能力。

2. 土、砂石材料

土是道路建设工程中用量最大，也是最廉价的筑路材料。不同国家、不同行业对土的分类方法虽然不尽相同，但是分类依据则大致相近，一般都是根据土颗粒的粒度成分、土颗粒的矿物成分或其余物质的含量、土的塑性指标进行区划的。

城市道路用土，依据土的颗粒组成特征、土的塑性指标及土中有机质含量的情况，分为巨粒土、粗粒土、细粒土和特殊土四类，并进一步细分为 11 种土。

从土的工程性质的角度看，砂性土是修筑路基的最好的材料，黏性土次之，粉性土是不良材料，最容易引起路基病害。重黏土（特别是含有蒙脱石的重黏土）也是不良的路基填料。高液限黏土、高液限粉土及含有机质细粒土，不适于做路基填料。因条件限制而必须采用上述土做填料时，应掺加石灰或水泥等结合料进行改善。

坚硬的大体积砂石材料可加工成块石。用块状石料或混凝土制块铺筑的路面被称为块石路面。按材料形状、尺寸及修琢程度的不同，块石路面分为高级、次高级、中级三种。块石路面的主要优点：坚固耐久、清洁少尘、养护修理方便，且能适应重型汽车及履带车辆交通。块石路面的缺点：用手工铺砌，难以实现机械化施工，进度慢，费用高。块料下面必须设置整平层，石块间用填缝料嵌填。

破碎的砂石材料是一种优良的路基填料，具有承载力高、刚度大、变形小等特点。一般用于软弱路基的换填加固或用作道路结构垫层。

3. 高分子聚合物材料

土工格栅是一种主要的土工合成材料，与其他土工合成材料相比，它具有独特的性能与功效。土工格栅常用作加筋土结构加劲材料或用作水泥混凝土路面改造成沥青路面的防反射裂缝材料。

防裂贴（又称抗裂贴）是由沥青基的高分子聚合物、高强抗拉胎基、耐高温并与沥青相容的高强织物复合而成。防裂贴具有自黏性，且施工方便，可直接粘贴裂缝处。将防裂贴粘贴到路面接缝处能起到隔离作用、加筋作用、隔水防渗、消能缓冲作用，能极大延缓“白 + 黑”路面出现反射裂缝。

道路结构中一般设置封层作为结构防水层，这是为了防止路表水经路面面层空隙渗入下部结构层，从而影响道路的整个结构寿命。由于道路下部结构层一般采用相对低廉的材料，其水稳定性相对不足，雨水的渗入会引起下部结构层的破坏。道路中常用的封层材料一般有普通乳化沥青、改性乳化沥青等。

乳化沥青是沥青和乳化剂在一定工艺作用下，生成水包油或油包水的液态沥青。乳化沥青是将通常高温使用的道路沥青，经过机械搅拌和化学稳定的方法（乳化），扩散到水中而液化成常温下黏度很低、流动性很好的一种道路建筑材料。可以常温使用，也可以和冷、潮湿的石料一起使用。

4. 无机结合料及其混合料

道路中最常见的无机结合料有水泥、石灰、粉煤灰、矿渣及高强高耐水土体固结剂（HEC）等。

水泥是粉状水硬性无机胶凝材料。加水搅拌后成浆体，能在空气中硬化或者在水中硬化固结。土木工程中将水泥分为六大类：硅酸盐水泥、普通硅酸盐水泥、矿渣硅酸盐水泥、火山灰质硅酸盐水泥、粉煤灰硅酸盐水泥和复合硅酸盐水泥。水泥与土、碎石加水拌合后可显著提升材料的性能。水泥混凝土可用作高等级道路的面层；水泥稳定碎石一般用作高等级沥青路面的基层材料；将一定量水泥（3.5% ～ 6%）掺入土中，可显著提升土路基的回弹弯沉和抗水损害性能。

石灰是一种以氧化钙为主要成分的气硬性无机胶凝材料，一般掺入土路基改善土路基的性能，是处理不良土质路基的优选材料。当土路基出现弹簧、含水量过大情况但又无翻拌晾晒条件时，可考虑采用石灰掺拌压实。

粉煤灰是从煤燃烧后的烟气中收捕下来的细灰，粉煤灰是燃煤电厂排出的主要固体废物。我国火电厂粉煤灰的主要氧化物成分为 SiO_2、Al_2O_3、FeO、Fe_2O_3、CaO、TiO_2 等。粉煤灰与石灰、碎石按一定比例拌和制成三渣混合料，是一种性能优良的道路基层材料。

矿渣是冶炼生铁时从高炉中排出的一种废渣，是一种易熔混合物，可采用多种工艺加工成具有多种用途的宝贵材料。一般将矿渣粉掺入水泥制成矿渣水泥用于道路材料的建设。

高强耐水土体固结剂具有固结强度高、水稳定性好、变形小、耐久性高、适用范围广等特点。HEC 有吸取水泥土和化学加固的优点，可使土体在基本结构单元分散、相界面紧密接触的同时，发挥土体铝硅酸盐矿物潜在的活性，使相界面形成牢固的多晶体聚集体，改善土体颗粒相界面接触的本质。

5. **有机结合料及其混合料**

沥青主要是指由高分子的烃类和非烃类组成的黑色或暗褐色的固态或半固态黏稠状物质，它全部以固态或半固态存在于自然界或由石油炼制过程制得。

表征沥青性能的基本指标为针入度、软化点、延度。除此之外，蜡含量、针入度指数、闪点、溶解度、黏度以及老化后残留针入度比、残留延度等也是沥青质量的控制指标。

沥青混合料是一种混合材料，主要由沥青、粗集料、细集料及填料在高温条件下（普通沥青混合料为 155 ～ 175℃）拌和而成，一些特殊级配的沥青混合料还需掺入各类纤维，如矿物纤维、木质素纤维等。

三、绿色理念下的路基路面施工技术

路基路面是道路的基本组成部分，路基路面共同承担着车辆荷载和自然环境的作用。路基路面的结构稳定性、耐久性，路面表面的平整抗滑等性能，直接关系到城市道路的使用性能和服务质量。

（一）市政道路路基施工

道路的路基是道路工程的重要组成部分，没有稳定可靠的路基就不可能有稳定的路面。因此，保证路基的施工质量是确保城市道路工程质量的关键。

城市道路路基按照结构形式的不同分为填方路基（路堤）、挖方路基（路堑）和半填半挖路基；按路基按照填筑材料可分为土方路基、石方路基和土石方路基。路基施工采用机械作业为主，人工配合为辅的施工方法。常用施工机械有推土机、铲运机、平地机、路拌机、挖掘机、装载机、自卸车、压路机等。

（二）市政道路垫层施工

垫层指的是设于基层以下的结构层。其主要作用是隔水、排水、防冻以改善基层和土基的工作条件，其水稳定性要求较高。砂垫层、致密固结土垫层可满足道路隔水、排水的要求。增加垫层厚度可有效改善路基防冻功能。

道路垫层施工一般采用人工和机械结合施工，采用自卸汽车运输垫层材料，先用平地机粗平，再用人工精平，并用振动压路机碾压密实。

（三）市政道路路面基层和底基层施工

基层是路面结构的承重部分，基层主要承受车辆荷载的竖向力，并把由面层直接作用的行车荷载传递并扩散至路基，因此，基层应有足够的强度和应力扩散能力。常用的基层材料主要包括（级配）碎石粒料类、无机结合料（石灰、水泥、粉煤灰）稳定土或稳定碎石类、沥青稳定碎石料、贫混凝土或碾压混凝土等。

1. 粒料类基层施工

粒料类基层按强度构成原理可分为嵌锁型与级配型。嵌锁型包括泥结碎石、泥灰结碎石、填隙碎石等；级配型包括级配碎（砾）石、级配天然沙砾等。较常见的是级配碎石基层，适用于各级道路的基层和底基层。

级配碎石基层施工可采用稳定土拌和机进行路拌施工，也可采用平地机进行拌和施工。

2. 城市道路下封层、透层

常见的道路下封层有乳化沥青稀浆封层、沥青碎石封层。

乳化沥青稀浆封层是将用适当级配的石屑、砂、填料与乳化沥青、外掺剂和水按照一定比例拌和而成的流动状态的沥青混合料，均匀地摊铺在路面上形成的沥青封层，乳化沥青稀浆封层采用稀浆封层车进行施工。

沥青碎石封层是指在路面上喷洒一层沥青材料（如热沥青、乳化沥青等），紧接着在其上撒布一定规格的碎石、石屑等集料，再用轻型压路机碾压形成的封层。沥青碎石封层常采用沥青撒布车加碎石撒布车联合施工或者采用同步碎石封层车进行施工。

为了使沥青面层与非沥青材料基层结合良好，常在二者间铺设透层，它是指在基层上喷洒液体石油沥青、乳化沥青、煤沥青而形成的透入基层表面一定深度的薄层。透层施工一般采用沥青洒布车进行施工，透层洒布应均匀，机械喷洒不到的地方可以采用手工喷洒，透层洒布后需要进行一定时间的养生，养生的时间根据透层油的品种和气候条件由试验决定。

3. 石灰稳定土类基层施工

石灰稳定土类基层施工主要方法有厂拌法施工和路拌法施工。在城镇人口密集区，应使用厂拌法进行石灰稳定土类基层施工，不得使用路拌法施工。厂拌法施工是城市高等级道路路面基层施工最常用的方法。

石灰稳定土类基层厂拌法施工是指用稳定土拌和机进行石灰稳定土拌和，用自卸车运输至施工现场，采用机械摊铺，压路机碾压成型的施工方法。

石灰稳定土类基层厂拌法施工工艺流程如图 3 所示。

图 3　石灰稳定土类基层厂拌法施工工艺流程

石灰稳定土类基层路拌法施工是指，先将土方或集料用自卸车运至施工现场，用推土机或平地机配合人工按预定厚度和宽度摊铺整平，根据含水量决定是否需要洒水预湿，然后将石灰均匀撒布其上，用路拌机进行拌和，当混合料含水量处于最佳含水量 ±1% 的范围时，用压路机碾压成型。

石灰稳定土需养护 7 天，养生期间应保持一定的湿度，但不应过湿。当石灰稳定土分层施工时，下层石灰稳定土碾压完后，可以立即进行上一层的石灰稳定土的铺筑，不需专门的养生期。

4. 水泥稳定土类基层施工

水泥稳定土或粒料具有较其他稳定土更高的强度和水稳定性，其强度随水泥用量的增加而增长，但水泥含量的确定应充分考虑经济上的合理性，且过多的水泥用量会引起较大的湿度和温度收缩，因此水泥稳定土或粒料所需的水泥用量应按材料强度要求和经济性综合考虑，并通过试验确定。

水泥稳定土类材料自拌和开始至摊铺碾压完成不应超过 3 h。水泥稳定土类材料运输时为防止水分蒸发和扬尘，需采取覆盖措施。水泥稳定类基层碾压完成后经压实度检验合格，应立即进行湿法养生。养生期不宜少于 7 天。

水泥稳定土类基层厂拌法施工工艺流程同石灰土施工工艺流程。

5. 石灰粉煤灰碎石基层施工

采用石灰、粉煤灰作为结合料稳定碎石集料，简称二灰碎石。这是在城市道路中较为常用的一种基层材料，用它铺筑的道路基层在一定温度和湿度下，强度逐步增加，结成整体层，具有良好的力学性能、板体性和水稳定性。

石灰粉煤灰碎石基层应控制在最佳含水量或略大于最佳含水量时进行碾压，直至要求的压实度。石灰粉煤灰碎石应用 12 t 以上压路机碾压。石灰粉煤灰碎石基层应按“宁刮勿补”原则进行施工，严禁用贴补的方法进行找平。碾压结束后应进行保湿养生，防止表面因水分变化引起干缩开裂，养生期一般不少于 7 天。

（四）市政道路面层施工

1. 水泥混凝土路面施工

水泥混凝土路面即用水泥混凝土作为面层结构所组成的路面，亦称为刚性路面。水泥混凝土面层的施工主要包含拌和、运输、摊铺、振捣或压实、表面修整、养护、接缝锯切填缝等主要工序。

水泥混凝土路面铺筑的技术方法主要包括滑模机械铺筑法、三辊轴机组铺筑法、轨道摊铺机铺筑法、小型机具铺筑法和碾压混凝土法等。

2. 沥青混凝土路面施工

沥青混凝土路面是指用沥青混凝土拌和机将人工选配的具有一定级配的矿料与沥青结合料，在一定的温度条件下拌和后，用自卸车运输至施工现场，经沥青混凝土摊铺机摊铺，压路机碾压成型而形成的各种类型的路面。沥青混凝土路面属于柔性路面结构。

热拌沥青混合料一般在用自卸汽车运输和运料车装料时，应防止粗细集料离析，沥青混合料需进行覆盖，以起到保温、防雨、防混合料遗撒等作用。热拌沥青混凝土路面施工工艺流程如图 4 所示。

图 4　热拌沥青混凝土路面施工工艺流程图

对于沥青混合料的碾压一般按照先轻后重、先外后内的原则，分初压、复压、终压（包括成形）三个阶段进行，压路机应以慢而均匀的速度碾压。

为防止沥青结合料搓揉挤压上浮，沥青玛蹄碎石混合料（SMA）一般采用振动压路机碾压，而不采用轮胎压路机碾压。开配级抗滑表层（OGFC）混合料宜用 12 t 以上的压路机静压，而不采用振动碾压。

热拌沥青混合料路面应待摊铺层自然降温至表面温度低于 50℃后，方可开放交通。

四、绿色理念下的特殊铺装道路施工技术

（一）隧道铺面

隧道道路铺面的下卧层结构与混凝土桥面类似，都属于整体性块状混凝土板，因此采用相同铺装结构。值得注意的是，隧道属于半封闭空间结构，空气流通较差，在选择铺装材料方面要采用阻燃材料，避免道路在明火作用下起燃。

沥青路面在常温下稳定，但高温下容易变形，温度继续上升则会产生冒烟现象，若温度达到沥青燃点以上，沥青路面就会燃烧。由于隧道内部空间小，视野窄，容易引发交通事故，交通事故可能导致汽柴油泄漏。假如隧道通风不良、温度过高，汽柴油会发生燃烧。当燃烧温度高于沥青燃点，路面就会着火，从而造成严重的后果。因此，采用沥青混凝土结构的隧道铺面须着重考虑阻燃性能。

1. 隧道铺装的特点

由于使用环境不同，城市内隧道铺装与一般道路铺装结构存在较大的差

别。城市内长距离隧道铺装常采用沥青混凝土铺装结构，其特点如下。

①隧道内是一个相对封闭、空间狭小的管状环境，不受外界日照雨淋的影响，温度变化小。

②隧道内潮湿，受地下水影响大，需要铺装材料有较好的水稳定性。

③城市内隧道往往具有长的大纵坡。

④隧道内净空限制，对路面结构的厚度有一定限制。

⑤隧道内交通条件恶劣，车辆刹车、制动频繁，空气较潮湿。车辆进出隧道不断加速、减速，对路面产生较大的水平应力，宜发生推移、车辙、壅包现象。

2. 隧道路面铺装种类与优缺点

隧道路面铺装分为水泥混凝土铺装和沥青混凝土铺装。最早的城市隧道铺装多采用水泥混凝土铺装。

水泥混凝土铺装有着水稳定性好，结构强度高，承载能力强，耐久性好等优点，但是它的缺点是在这样的隧道内行车噪声大；路面结构接缝造成平整度相对较差，行车舒适程度不如沥青路面；使用一段时间后，路面抗滑性能显著降低，不利于行车安全；水泥路面一旦遭到损坏，在隧道内维修困难等。

沥青路面有着行车舒适、噪声低、抗滑性好、易维修等优点。随着我国对隧道沥青路面结构和材料的研究的重视，温拌、阻燃高性能沥青混合料研发成功。近年来，国内城市隧道道面以沥青混凝土铺装为主。

3. 隧道路面铺装技术

近年来，温拌技术已经越来越多地被用于长距离隧道的沥青铺装施工中。温拌剂可以使沥青混合料施工温度降低 30℃左右，从而减少隧道内沥青混合料施工时的热量和烟气的排放，大大改善了隧道内沥青混合料施工的环境。同时，阻燃剂的使用使得隧道内的沥青路面具有一定的阻燃和抑烟性能，降低了隧道火灾引起沥青路面燃烧的可能性以及沥青燃烧所产生的有毒烟雾，提高了隧道的安全性能。

（二）钢桥面铺装

钢桥以其强度高、自重轻、跨径大、施工便捷等优点被越来越多地用于城市桥梁中。钢桥面铺装不同于水泥混凝土桥面铺装，它直接铺设在钢桥面板上。由于钢桥面板柔变大、振动大、温差变形大、防水防锈及层间结合要求高，因此钢桥面铺装应具有良好的抗疲劳开裂性能、优良的高温稳定性、钢板变形良好的追从性、良好的层间结构、良好的平整度和抗滑性能以及完善的防水排水体系。

国内钢桥面铺装方案归纳起来大致可以分为三种类型：沥青玛蹄脂碎石混合料（SMA）结构、浇筑式沥青混合料结构、环氧沥青混合料结构。

1. 钢桥面双层 SMA 铺装方案结构及工艺

SMA 沥青混合料是骨架密实结构，因此它具有良好的耐久性和防水性能，塑流和永久变形的能力强，不易产生车辙，同时它具有粗糙的表面构造，防滑性能好。SMA 铺装施工便捷，不需要特殊的施工设备，采用常规的沥青混凝土摊铺设备施工即可，施工周期短、造价低，因此在国内钢桥面铺装中经常被采用。

双层 SMA 铺装方案通常由防水黏结层、缓冲层、SMA 铺装下层和 SMA 铺装上层组成。钢桥面 SMA 沥青混合料施工方法与传统的 SMA 沥青混合料施工工艺基本相同，需注意的是，在对 SMA 沥青混合料碾压时应采用双钢轮压路机静压或水平振荡压路机进行碾压。

上海卢浦大桥桥面铺装体系由防水体系和主体铺装体系组成。其中防水体系由防锈层、防水层、黏结层、缓冲层和致密层组成，主体铺装体系由主体铺装上层和主体铺装下层组成。

综合国内外钢桥面铺装防水层的研究现状和应用中存在的问题，并结合上海地区的气候条，卢浦大桥的防水层设计的技术特点如下。

①具有良好的层间结合力和变形能力。在钢桥面板温度应力和荷载作用下，钢板和铺装层都要发生一定程度的挠曲变形，防水层能提供足够层间的结合力以抵抗铺装层和钢板之间产生剪切推移。

②具有良好的高温稳定性和低温抗裂性。卢浦大桥铺装底面的温度范围为 -10 ～ 55℃，防水层在高温下能提供足够的层间结合力及抵抗荷载剪切的能力。

③具有良好的抗疲劳能力。防水层不仅承受来自车辆荷载引起的水平和垂直作用力的重复作用，钢桥面板的挠曲变形也使其产生复杂的应力应变，因此防水层必须具有良好的抗疲劳特性，不致出现拉伸、剪切、撕裂等破坏。

④具有良好的抗水损害、抗化学腐蚀能力。

⑤具有良好的施工和易性。

卢浦大桥钢桥面铺装采用双层式 SMA 方案。根据上下层铺装的功能不同，铺装上层和铺装下层 SMA 所采用的沥青结合料、矿料级配都不相同。下层可采用柔度较大、热稳定性好的改性沥青，矿料级配偏细，使混合料空隙率小，具有较高的强度和柔韧性，使铺装下层具有良好的变形追从性、抗裂性能、耐久性和防水性。上层采用劲度大、抗变形能力强的改性沥青，矿料级配偏粗，混合料具有良好的骨架结构，使铺装上层具有良好的抗车辙和抗水损害性能。

2. 钢桥面浇筑式沥青混合料结构

浇筑式沥青混凝土指在高温状态下（200 ～ 260℃）进行拌和，混合料依靠自身的流动性摊铺成型，无须碾压，冷却后即可成型的一种高沥青含量、高矿粉含量，空隙率小于 1% 的特殊沥青混合物。

浇筑式沥青混合料铺装层具有优良的防水、抗老化及抗裂性能，对钢板的追从性较好。但是浇筑式沥青混合料高温稳定性差，易形成车辙，而且施工需要专用的浇注式摊铺设备和专用的运输设备，施工组织较为复杂，施工时混合料的温度高达 240℃，因此，浇注式钢桥面铺装技术适用于夏季温度不太高的地区。

在我国，钢桥面早期采用的是英国的单层浇筑式结构，沥青的胶结料采用“硬质沥青 + 天然湖沥青”的形式。但是在使用中，部分桥梁出现了车辙和开裂的病害。随后，国内专家对钢桥面浇筑式沥青铺装结构进行了改进，采用双层结构，即“浇筑式沥青混合料 +SMA 沥青混合料”结构，它充分利用了浇筑式材料与 SMA 沥青混合料各自的优点，在浇筑式沥青混合料中采用了性能更好的高弹沥青做结合料。

3. 钢桥面环氧沥青混凝料结构

环氧沥青混合料是将由环氧树脂与沥青、固化剂及其他添加剂混合形成的一种新型的环氧沥青代替普通沥青拌制沥青混合料的一种新型的环氧沥青混合料。环氧沥青混合料路用性能比普通沥青混合料优异得多，它具有强度高、整体性好、韧性好、高温时抗塑流和抗永久变形能力很强、低温抗裂性能好、优良的抗疲劳性能、耐腐蚀性能以及良好的层间结合能力等特点。

环氧沥青混合料的主要缺点是：造价高；环氧沥青混合料的配制工艺比较复杂；环氧沥青混合料施工中对时间和温度要求十分严格，对施工环境要求苛刻，施工难度大；环氧沥青铺装固化成型时间长；固化不可逆，因此损坏后修复难度大；环氧沥青铺装后表面光滑，宏观构造深度小，特别是雨天行车安全性差。

（三）路面薄层加铺

超薄沥青混凝土路面常见的是 UTAC 路面。UTAC 为间断密实型超薄沥青混凝土。需注意的是，这种材料对原材料中的碎石的洁净程度有一定要求，必要时需对碎石进行水洗除尘，以降低 0.075mm 以下粉尘含量，从而有利于提高碎石与沥青的黏附性。

UTAC-10 的拌和和摊铺施工工艺与其他沥青混凝土的施工工艺基本相

同。UTAC-10 沥青混合料的碾压采用双钢轮振动压路机和胶轮压路机组合进行碾压。因 UTAC-10 沥青混合料厚度小，温度容易散失，所以必须在保证初压不产生推移的情况下，尽快完成碾压。

（四）混凝土桥面铺装

混凝土桥面板具有水泥混凝土的基本特性，水泥混凝土中水泥石占总体积的 1/4。由于水泥颗粒之间存在未消耗完的拌和水以及没有完全排除的空气，水泥混凝土存在较多的微空隙。另外，混凝土在强度形成过程中产生较大的水化热，容易引起混凝土的收缩应力使混凝土内部产生较多的微裂缝。这些空隙和裂缝将给侵蚀物质提供进入混凝土内部的通道，侵蚀混凝土并锈蚀钢筋，降低混凝土桥梁板的使用寿命。

在水泥混凝土桥铺筑沥青面层时，应满足沥青面层与混凝土桥面对黏结、防止渗水、抗滑及抵抗振动变形的能力等功能性要求，并设置有效的桥面排水系统。

桥面沥青混凝土铺装常采用单层沥青混合料铺装结构和双层沥青混合料铺装结构。单层沥青混合料的铺装厚度一般不宜小于 5 cm，双层沥青混合料铺装的厚度宜为 7 ～ 10 cm，表面层沥青混合料厚度一般不小于 3 cm。

五、绿色理念下的道路路面类型与技术

（一）节能减排型路面

建设城市低碳道路是未来城市基础设施建设的主流方向，低碳城市道路指在城市道路的前期规划、设计，中期的施工，以及后期的运营管理的整个寿命周期中，采用低碳理念的材料、工艺和工法，以实现道路寿命周期内节能减排的目的。目前常采用的技术有温拌沥青技术、泡沫沥青冷拌技术、乳化沥青冷拌技术等。

1. 温拌沥青技术

温拌沥青混合料（简称 WMA）是相对于热拌沥青混合料而言的。通常我们所使用的沥青混合料是一种热拌热铺筑的材料。在生产和施工过程中，其不但消耗大量的能源，而且还排放出大量有毒的废气和粉尘。温拌沥青混合料是以化学或物理的方法，使得沥青混合料的生产和施工温度较热拌沥青混合料低 30 ～ 60℃，以实现节能减排，达到减少污染的目的。

对以温拌沥青混合料为主的节能减排型沥青路面材料的研究始于 20 世纪 90 年代。温拌沥青混合料已在欧洲和美国得到了深入的研究和应用。与传统

的热拌沥青技术相比较，温拌沥青在生产施工过程中可降低 30 ～ 50℃，降低拌和温度。这样一方面能够显著降低沥青烟和有害气体的排放，改善沥青混合料拌和和施工条件，减轻对一线工人和施工道路沿线居民的不良影响；另一方面，拓宽了沥青混合料的可施工温度范围，尤其适合薄层加罩、长距离和低温季节施工。同时，添加的特殊化学添加剂能提高沥青与集料的黏附力，进而提高路面的抗水损能力。更重要的是，温拌沥青混合料较低的拌和温度降低了沥青的老化程度，延长了道路的使用寿命。2005 年我国第一条温拌沥青混合料试验路段由我国交通运输部公路科学研究院、同济大学、北京路桥路兴物资中心以及美国一定公司合作研发的，在北京试铺成功。目前，上海已在包括高速公路、高架快速路、城市道路、隧道道面等在内的十多个工程中应用温拌沥青技术，使用效果良好。

温拌沥青技术已经越来越成熟，温拌剂的种类也越来越多，形成了十余种的温拌沥青技术。就其作用原理而言，其可分为三大类：①有机降黏型温拌技术，使用有机降黏剂，降低热沥青拌和时的黏度，以蜡或蜡状物为主；②发泡沥青降黏温拌技术，通过水或有机发泡剂使沥青发泡来降低沥青的黏度；③乳化分散沥青降粘技术，通过乳化技术降低沥青黏度。

2. 泡沫沥青冷拌技术

在高温的普通针入度级沥青中加入少量冷水，由于水的急速气化形成爆炸性泡沫，沥青表面积大量增加，体积膨胀数倍至数十倍，然后在近一分钟内沥青又恢复原状，这种膨胀成泡沫的沥青称为泡沫沥青。沥青膨胀产生泡沫而使其黏度下降，从而可以很方便地与冷湿集料均匀拌和。

3. 乳化沥青冷拌沥青技术

冷拌沥青混合料是一种新型的沥青混合料，因价格昂贵，因此常用于道路修补中。冷拌沥青混合料克服了热拌沥青混合料在修补沥青路面的过程中受季节、天气、温度的限制，以及在修补现场进行沥青加热所造成的环境污染等弊端。冷拌沥青混合料适用于任何天气和环境。它的适用温度为 -30 ～ 50℃（环境温度），可以在雨雪潮湿的恶劣条件下及时修补沥青路面坑槽。经碾压成型的冷拌沥青混合料路面具有与热拌沥青混合料路面一样的使用性能，采用改性冷拌沥青混合料铺筑的路面具有极强的抗老化性能，路面的寿命为 10 年以上。

（二）环境友好型路面

日渐完善的道路网为人们的出行提供了很大的便利，但另一方面也给环境带来了一些负面的影响。比如，噪声污染、路面积水一直是难以解决的问题。

20世纪60年代，欧美国家提出排水性沥青路面的概念，取得了很多成果并加以推广应用。首先研究开发出的是一种空隙率为20%～25%、厚度为4～5 cm的磨耗层。由于空隙率大，雨水能够渗入路面中，通过路面中的连通空隙向路面边缘排出。这样可以减薄路面水膜，避免产生“水漂”现象，进而有效保证行车安全，同时，大空隙的混合料能够吸收行车噪声，大幅降低行车噪声。

目前，欧洲国家研究和使用排水沥青路面已逾30年，取得了丰硕的成果。我国对排水沥青路面的研究虽然起步较晚，但也取得了一些成果。2001年我国交通运输部公路科学研究院承担的交通部西部项目“山区公路沥青面层排水技术的研究”系统研究了排水沥青路面的材料性能与设计、结构设计、施工技术、路面安全特性等问题，为排水沥青路面在我国的应用奠定了基础。上海尚属研究和使用排水沥青混合料较早的城市，但大规模应用也于最近几年才开始，如在枫泾新镇、中环线、青浦淀山湖大道、世博园区等工程，排水沥青混合料都得到了较大规模地应用，路面排水、降噪效果良好。

另外，为了行车安全，使路面与道路周围的建筑相协调，基于路面可美化环境、诱导交通的作用，20世纪50年代欧美有些国家开始研究彩色沥青混凝土路面。彩色沥青路面使用的材料、级配、结构和工艺都与普通沥青路面大致相同，其技术性能能够满足各种荷载与气候条件的要求。我国对彩色沥青混凝土路面的研究开始于20世纪80年代初，近几年才将其作为一种新型的铺面技术，为营造交通的时代气息，在公路、道路或广场上等越来越多地使用。彩色沥青路面可以有效美化街道空间环境，其强烈的视觉效果可以让人们产生独特的激情感受，给人们留下深刻印象，满足人们对美感的深层次心理需求。

20世纪60年代以来，瑞典、法国、美国、英国、澳大利亚、日本等国家陆续展开对橡胶沥青混凝土的研究，积累一定的研究成果以后，这些国家通过有关法律以及技术推广等手段，促进了废旧胶粉在道路修筑过程中的应用。1981年，比利时科学家在布鲁塞尔首先证明了橡胶沥青混凝土的减噪效果。随后世界各国相继开展了这方面的研究，修筑了大量试验路。研究发现，橡胶粉弹性较好，将其加入沥青混合料中以后，会增大沥青混合料的回弹变形，因此能够改善沥青混合料对应力吸收的能力及其对应力的扩散效果，所以，橡胶沥青也能够用于降噪路面中。我国温州市鼓励在城市道路设计施工中，推广应用各种成熟可靠的低噪路面新技术、新工艺、新材料，如橡胶改性沥青混凝土、多空隙沥青混凝土等。

1. **降噪路面**

城市道路交通产生的噪声主要包括车辆自身系统产生的噪声、空气动力噪声以及轮胎与路面摩擦作用所产生的噪声。研究表明，当车速大于 50 km/h 时，车轮噪声就成为主要噪声源。路面不平整，连带车轮自身振动，产生的车轮冲击噪声，又称振动噪声；轮胎在路面上高速滚动时，因胎面花纹槽中的空气被迅速压缩和释放而产生的胎面噪声，又称气泵噪声；车轮与地面摩擦所产生的摩擦噪声，又称附着噪声。低噪声沥青路面是近年来新兴的一种路面结构，其主要降噪原理是，通过路面的构造深度和空隙吸收噪声，或者使用高弹性和大阻尼的路面材料吸收和衰减轮胎振动和冲击，或者通过表面的纹理（单位面积内表面的构造数量）反射噪声，消耗噪声的能量，以达到降低轮胎与路面摩擦产生噪声的目的。

根据路面材料的不同，低噪声路面又可分为低噪声沥青路面和低噪声水泥路面。

（1）低噪声沥青路面

目前常见的低噪声沥青路面有多孔性沥青路面、橡胶沥青路面、多孔弹性路面等。

多孔性沥青路面是利用路面中许多连通的小孔来吸收声能，使车轮的噪声传播至路面结构内部衰减，如大孔隙开级配排水式沥青磨耗层（OGFC）路面。

橡胶沥青路面和高弹沥青路面是利用沥青材料的高弹性来减少车轮对路面的振动和冲击，从而达到减少车轮噪声的目的。

多孔弹性路面（PERS 路面）是近年日本首次引入的一种新型降噪路面，在欧洲挪威和瑞典等地也在试验应用。顾名思义，多孔弹性路面是在多孔路面的原理上再加入橡胶颗粒产生多孔弹性路面的复合效果。多孔弹性路面混合料是在沥青混合料中掺入橡胶颗粒（废旧轮胎磨制而成），并由聚氨酯树脂固结而成。PERS 路面具有吸声和阻尼减振降噪的效果，试验研究表明，小汽车车速为 60 km/h 时其降噪效果为 13 dB，卡车则可达 6 dB，其降噪性能明显优于排水性沥青路面。但是 PERS 路面的施工技术复杂，造价高，目前仍处于试验研究阶段。

（2）低噪声水泥路面

低噪声水泥混凝土路面是近年来兴起的一种新型路面，它最早产生于奥地利维也纳—萨尔兹堡的 A1 高速公路与汽运路。目前常见的低噪声水泥混凝土路面形式有洗出型自然石透水路面、无细集料水泥混凝土路面（又称多孔水泥混凝土路面）和刻槽低噪声水泥混凝土路面。

洗出型自然石透水混凝土路面是指通过一定手段使水泥混凝土路表薄层与水泥混凝土主体凝结时间不同，达到粗集料外露的目的，以实现表面降噪和增加抗滑效果。

无细集料水泥混凝土路面又称多孔水泥混凝土路面。它是由砾石基层和无细集料混凝土面层组成。无细集料混凝土由普通水泥、中粒碎石和加气剂按比例拌和而成。

刻槽低噪声水泥混凝土路面的施工和普通水泥混凝土路面一致，仅需在最后刻槽、拉毛阶段进行纵向刻槽、横向变间距刻槽和斜向变间距刻槽。试验表明，采取将传统的等间距横向刻槽改为变间距横向刻槽、纵向刻槽、随机或斜向刻槽的方法效果较好。

低噪声路面在降低车辆行驶噪声的同时还能带来附加的好处。比如，多孔隙混凝土路面具有高透水性，路面上不积水，减少水雾和水漂现象，增加了行车安全。雨水通过路面渗入地下，一方面减少城市排水系统的压力，另一方面，还起到补充地下水的作用。

2. 排水沥青路面

排水沥青路面，又称透水沥青路面，指压实后空隙率在 20% 左右，能够在混合料内部形成排水通道的新型沥青混凝土面层。其实质为单一粒径碎石按照嵌挤原理形成骨架—空隙结构的开级配沥青混合料，以改善表面抗滑功能为主的开级配表面薄层应用又称开级配沥青磨耗层（简称 OGFC）。

OGFC 沥青路面技术最早出现在 20 世纪 60 年代的美国，我国于 20 世纪 80 年代末引进 OGFC 路面技术。OGFC 沥青路面的主要优点有：排水性好；减少水雾和眩光；良好的降噪效果；抗滑性好；安全性高；强度和耐久性好等。

（三）资源再生型路面

目前，资源再生型路面主要以沥青路面再生技术为主。沥青混合料中的沥青在长期自然影响及行车荷载的作用下，逐步发生老化现象，路面性能逐步降低。沥青的老化主要是软化点上升，针入度降低，延度减小，主要原因是低分子油分含量降低，沥青质含量增加。在老化的沥青中加入一定量的再生剂，提高低分子油分的含量，能够在一定程度上改善其路用性能。

国外对沥青路面再生利用研究，最早是从 1915 年在美国开始的，但真正全面的研究是 1973 年石油危机爆发后才引起重视，并在其全国范围内进行广泛研究。到 20 世纪 80 年代末，美国再生沥青混合料的用量几乎为全部路用沥青混合料的一半，并且在再生剂开发、再生混合料的设计、施工设备等方面的研究也日趋深入。沥青路面的再生利用在美国已是常规实践。目前，其重复利用率高达 80%。西欧国家也十分重视这项技术，德国是最早将再生材料应用于高速公路路面养护的国家；芬兰则组织各城镇收集并重复利用路面废旧材料；法国也在高速公路或者一些交通要道的养护中推广使用再生技术。

20世纪七八十年代，我国曾在不同程度上利用过废旧沥青混合料来修路，再生后的材料一般只用于轻交通道路、人行道或道路的垫层。近来，随着我国公路全面进入养护、大修及重建期，路面再生技术也得再次重视及广泛关注，一些科研院及高校将沥青路面再生技术加以推广和应用，取得了良好效果。

1. 沥青路面的再生技术

沥青路面的再生利用，就是将旧沥青路面经过翻挖、回收、破碎、筛分等方法处理后，与再生剂、新沥青材料、新集料等按一定比例重新拌和成混合料，能够满足一定的路用性能并重新铺筑于路面的一整套工艺。

沥青路面材料的再生利用有下列优点：①降低施工成本；②节约集料和沥青胶结料；③保持原路面的几何特性；④保护环境；⑤节约能源；⑥减少用户的延误；⑦再生后的沥青路面具有优良的性能，与新铺沥青路面性能基本相当。

沥青路面的再生技术主要分为热再生和冷再生两大类，其中热再生又分为厂拌热再生和现场热再生，冷再生又分为厂拌冷再生和现场冷再生。热再生主要针对沥青路面，冷再生主要针对道路基层材料再生或沥青料降级使用的再生。

2. 废橡塑改性沥青混合料技术

随着我国交通运输事业和汽车工业的快速发展，社会汽车保有量增长速度越来越快，废轮胎数量也与日俱增。大量积存的废轮胎由于难以降解处理，已经被公认为“黑色污染”而成为社会公害，给环境治理造成了巨大的压力，同时也是对资源的极大浪费。

废橡塑改性沥青是指将废轮胎橡胶粉加入沥青中，同时添加多种高聚合物改性剂，在高温条件下（180℃以上）搅拌均匀，经适当发育等工艺而得到的一种改性沥青结合料。

废橡塑改性沥青路面优点是抗滑性能和耐磨损性好、安全系数高、高温稳定性和低温抗裂性好、抗老化性能突出、抗裂性和抗变形性能好、水稳定性能好、行车噪声较低、经济投入较少等，而且从环保角度来看，大力推广废橡胶粉改性沥青的应用是一种趋势，具有十分重要的意义。

3. 脱硫石膏水泥稳定碎石技术

脱硫石膏是燃煤电厂发电过程中湿法除硫的副产物。目前，脱硫石膏一般用于取代天然石膏制备水泥混凝剂、石膏板材、砂浆保温材料。

脱硫石膏水泥稳定碎石是指将脱硫石膏以等量替代原水泥稳定基层细集料的形式加入普通水泥稳定碎石基层中。其中，脱硫石膏对水泥的缓凝作用可以有效抑制水泥稳定碎石材料初期水化反应引起的干缩变形；脱硫石膏对外加活性矿物的强度激发作用，可以有效补充因水泥掺量降低而损失的水泥水化强度；脱硫石膏在初期产生的膨胀会抵消水泥因水化而产生的干缩，随着龄期的增长，通过化学反应产生的物质进一步填充了混合料空隙，从而使强度增加。

第四章　市政桥梁工程施工技术

在市政工程中，桥梁是至关重要的一种，也往往是最为壮观且建造难度最大的工程之一。现代的桥梁工程在满足交通运输需要的同时，也往往被视为一种空间的艺术结构物而成为一个城市乃至一个地区的标志和象征。本章主要从市政桥梁工程施工技术现状、市政工程桥梁设计以及绿色理念下的市政桥梁工程施工技术三个方面进行了探讨。

第一节　市政桥梁工程施工技术现状

一、国内桥梁工程施工技术现状

人们对桥梁建设的要求，随着工业水平的不断提高、科学技术的迅猛发展以及社会生产力的大幅度提升，发生了巨大的变化。尤其是 20 世纪中叶以来，我国的桥梁事业处于迅速崛起阶段，但与真正的国际标准要求还是存在很大的差距，在桥梁技术施工方面还存在一些问题，从而增加了企业在桥梁施工的技术创新方面的紧迫感。

（一）桥梁施工技术的突破

1. 地基加固

地基加固工程作为桥梁工程的基础，通常采用钻孔桩、挖孔桩和沉入桩。其中，钻孔桩是采用不同的钻孔方法，成孔达到预定深度后，吊入钢筋笼浇筑混凝土成桩。由于其施工速度快、对环境影响小的优点，该工艺施工相对普遍一些。该技术应该根据工程地质构造合理选择施工机械，钢筋笼的放置要注意用木块垫起避雨编号，清空要干净，不要漏浆，灌注时应紧凑连续进行，避免断桩短桩等情况的发生。

2. 防水技术

随着对高分子材料的研究不断深入，在桥梁工程的建设中，防水工程也开始使用新型的防水材料进行施工。随着建设研究的发展，桥梁工程的防水工程将大量使用柔性的防水材料，主要包括沥青防水卷材、高分子的片材、防水涂料和胶结密封的材料四大类。

3. 钢筋与混凝土

作为桥梁工程建设中的基础部分，钢筋工程在施工中多采用连接技术与预应力技术，而混凝土工程在施工中也应用了混凝土技术，为这两部分施工提供了技术的支持。在工程的实际施工中，连接技术的实施应用的是冷轧带肋的螺纹钢筋、钢绞线和高强度钢丝等。在桥梁工程建设中，除了采用预应力技术工艺，还使用了锚夹具等设备辅助施工，为桥梁的建设提供了重要的技术支持。

（二）桥梁施工技术的不足之处

1. 管理技术不足

为了保证桥梁施工的质量，就必须保证桥梁施工管理的实效性。但是我国很多施工单位对施工管理的重要性认识不足，在施工管理的过程中存在很多漏洞，使得桥梁施工过程得不到很好的管理，而这些不足都会对桥梁施工造成直接的影响。就我国桥梁管理技术不足而言，其主要体现在以下两个方面：一方面是我国管理技术水平有限，并且没有体系完善的法律法规，不能对施工单位形成约束力，一些管理人员钻漏洞，工作态度懒散，仅仅是记录施工操作的部分数据信息，没有发挥出管理部门应有的效力；另一方面，很多施工单位安排的管理人员都是从施工人员中抽调出来的，这些施工人员对于桥梁施工涉及的所有施工技术了解不全面，对于相关的管理知识知之甚少，对于新工艺、新材料也不熟悉，导致管理工作难以开展。

2. 施工技术不能满足质量要求

我国地大物博，因此各区域的地质差异较大，这就意味着桥梁的施工环境会比较复杂。这对施工提出了较高的要求，在同一区域内使用不同的施工工艺也会取得不同的施工效果。当前，我国施工技术多种多样，对其进行选择就显得尤为重要，如果选择不慎，就会导致桥梁的结构强度以及耐久性都达不到要求，对桥梁的使用产生负面影响。桥梁施工中使用最多的材料就是钢筋，我国大部分钢筋还是沿用以往的制作方法，仍然存在抗拉强度低、抗腐蚀性差、质量差等特点。另外，我国很多桥梁建设工程会使用预应力混凝土箱梁，施工单位大多先将管道安放在腹板内部，不仅大幅度地增加了施工量，并且还减弱了其抗震能力。由此可见，我国桥梁施工技术需要改善。

二、国外桥梁施工技术现状

（一）混凝土连续梁和连续刚构桥快速发展

交通运输的迅速发展，要求行车平顺舒适，多伸缩缝的T型刚构已经不能满足要求，因而连续梁和连续刚构得到了迅速发展。

连续梁的不足之处是，其需用大吨位的盆式橡胶支座，养护工作量大。连续刚构的结构特点是梁保持连续，梁墩固结，既保持了连续梁行车平顺舒适的优点，又保持了T型刚构不设支座减少养护工作量的优点。

（二）预应力应用更加丰富和灵活

部分预应力在公路桥梁中得到较广泛的利用。不仅允许出现拉应力，而且允许在极端荷载时出现开裂。其优点是，可以避免全预应力时易出现的沿钢束纵向开裂及拱度过大；刚度较全预应力小，有利于抗震；可充分利用钢筋骨架，减少钢束，节省用钢量。

体外预应力得到了应用与发展。体外预应力早在20世纪20年代末就开始应用，20世纪70年代后应用多了起来。体外配索，可以减小截面尺寸，减轻结构恒载，提高构件的施工质量；力筋的线型更适合设计要求，其更换维修也较方便。加固桥梁时用体外索更方便。

大吨位预应力应用增加。现在不少桥梁中已采用每束500 t的预应力索。预应力索一般平弯，锚固于箱梁腋上，可以减小板件的厚度，减轻自重，局部应力也易于解决。

无粘结预应力得到了应用与发展。20世纪50年代中期无粘结预应力在国外广泛用于建筑业，美国目前楼板中，99%采用现浇无粘结预应力。无粘结预应力结构施工方便，无需孔道压浆，修复容易，可以减小截面高度；荷载作用下应力幅度比有粘结的预应力小，有利于抗疲劳和耐久性能。

双预应力，即除用预张拉预应力外，还采用了预压力筋，使梁的截面在预拉及预压力筋作用下工作。简支梁双预应力梁端部的局部应力较大，后来日本将预压力筋设在离端部一定距离的上缘预留槽中，而不是锚在梁端部，使局部应力问题趋于缓和。

国外还较多应用预弯预应力梁。预弯预应力梁是在钢工字梁上，对称加两集中力，浇筑混凝土底板，卸除集中力，这样底板混凝土受到预压，然后再浇筑腹板和顶板混凝土。有的国家，如日本，已有浇筑好底板的梁体，并将其作为商品供应。

（三）箱梁内力计算更切合实际

对于箱梁，必要时需考虑约束扭转、翘曲、畸度、剪滞的内力。由于受剪滞的影响，箱梁顶底板在受弯情况下，其纵向应力是不均匀的，靠箱肋处大，横向跨中处小。配筋时要用有效宽度。目前已按试验结果，将纵向应力按多次抛物线分布，得出实用结果。

①箱梁温差应力的计算。箱梁由于架设方向及环境的不同，会承受不同的温差。在特定的情况下，温差应力很大，甚至超过荷载应力。因此，必须按照现场可能出现的温差，计算内力，加以组合，进行配筋。

②按施工步骤计算恒载内力。按结构的最终体系计算恒载内力，往往并不是实际的内力。必须按照施工顺序，逐阶段地进行计算，在计算中要考虑混凝土龄期不同的徐变收缩影响。这样，既得到了各施工阶段的控制内力，又得到了结构形成时的内力和将来的内力。

同样，也必须考虑施工顺序步骤计算挠度，并反算得到预拱度。

（四）施工方法丰富先进

近年来悬臂施工法中悬拼的应用有所增加。这种施工法的优点是，各节段间带有齿槛，涂环氧，使各节段连接良好，并增大抗剪能力；可以缩短工期，特别是利用吊装能力大的浮吊时，可加大节段长度，则更能加快施工进度。国外悬拼最大的桥为跨径 182.9m 的澳大利亚库克船长大桥。顶推施工法也处在不断发展过程，一开始是集中顶推，两侧各用一个千斤顶推动，而且用竖向千斤顶以使水平千斤顶回程。之后发展成为多点顶推，使顶推力与摩阻力平衡，使顶推法可用于柔性墩，同时也不使用竖向千斤顶。在这以后，又有下列发展。

①用环形滑道，不必喂氟板。

②支座设在梁上，不需顶推后重行设置。

③拉索锚具可自动开启或闭锁。梁前进时锚定，千斤回程时自动开启。

④在横向中央设一个滑道，避免两侧滑道时必须两侧同步，特别适用于平曲线梁的顶推。

目前，顶推施工法不仅用于直线梁，而且用于竖曲线上的梁，以及平曲线上的梁。香港曾把顶推法成功地使用在处在切线、缓和曲线和 R=430 m 圆曲线的梁上，把线形用最接近的圆曲线来模拟，其差值由调整箱顶板的悬臂长度来补偿。同时因为超高的不同，箱梁腹板的高度也是变化的；在处于 3% 纵坡和竖曲线的梁，则使板底保持同一个纵坡而改变箱高。因此，箱梁几何尺寸、浇筑平台的模板系统大为复杂，但其为顶推法的利用提供了新的经验。20 世纪 80 年代，逐跨拼装法在国外得到较多的应用。美国一座大桥有 101 孔，每孔 36 m，用可移动桁架，用浮吊将梁块件放在桁架上就位，一次张拉，完成整孔，每周完成三孔。

第二节　市政工程桥梁设计

一、桥梁设计类型和受力特点

（一）梁　桥

梁桥是一种在竖向荷载作用下无水平反力的结构，由于外力（恒载和活载）的作用方向与桥梁结构的轴线接近垂直，与同样跨径的其他结构相比，梁桥内产生的弯矩最大，即梁式桥以受弯为主，因此通常需用抗弯、抗拉能力强的材料（如钢、钢筋混凝土等）来建造。梁桥的特点是结构简单、施工方便，且对地基承载力的要求也不高。对于钢筋混凝土简支梁桥，其跨径一般小于 25 m，当跨径较大时，应采用预应力混凝土结构，但跨径一般也不宜超过 50 m。为了改善受力条件和使用性能，地质条件较好时，中小跨径梁桥均可修建连续梁桥。对于大跨径和特大跨径的梁桥，可采用预应力混凝土、钢、钢筋混凝土组合梁及桁梁桥等。

梁桥中的连续梁桥属于超静定结构，在竖向荷载作用下支点截面产生负弯矩。连续梁与同等跨径的简支梁相比，其跨中正弯矩显著减小，因而跨越能力较大。除此之外，连续梁还具有结构刚度大、变形小、主梁变形挠曲线平缓、动力性能好及有利于高速行车等优点。连续梁是超静定结构，基础不均匀沉降将在结构中产生附加内力，因此对桥梁基础的要求相对较高，适于地基条件较好的场合，其合理跨径一般在 120 m 以内。

钢筋混凝土梁桥是最为常见的一种类型，已有近百年的历史，具有钢筋混凝土结构的所有特点，即就地取材而成本低、耐久性好而维修费用少、材料可塑性强、整体性好，结构刚度高、变形小、噪声小等。但其也有一些明显的不足之处，如混凝土材料抗拉强度不高、重度大等。随着服役时间的增加，在自然环境以及使用环境的作用下，钢筋混凝土梁桥的结构性能会逐步下降而出现各类病害，如上下部结构出现裂缝、腐蚀破坏、主梁挠度过大、用于斜交桥时易发生梁体横向错位以及单板受力等。

主梁和墩柱整体相连的桥梁称为刚构桥。由于梁和柱之间是刚性连接，在竖向荷载作用下，将在主梁端部产生负弯矩，在柱脚处产生水平反力。就门式刚构桥而言，梁部分主要受弯，但其弯矩较同跨径的简支梁小，同时梁内还有轴力的作用，因此刚构桥的受力状态介于梁桥与拱桥之间。刚构桥的跨中建筑高度可做得较低，通常适用于需要较大的桥下净空和建筑高度受到限制的情况，如跨线桥、立交桥和高架桥等。除了门式刚构桥，通常还有 T 形刚构桥、连续副构桥、斜腿刚构桥等。

刚构桥在竖向荷载的作用下，一般都会产生水平推力，因此，必须要有良好的地质条件或采用较深的基础或特殊的构造措施来抵抗水平推力的作用。刚构桥大多数为超静定结构，故在混凝土收缩、徐变、温度变化、墩台不均匀沉陷和预应力等因素的作用下，均会产生较大的附加内力，故须在设计和施工中引起注意。除此之外，大跨径的刚构桥，一般均要承受正负弯矩的交替作用，主梁横截面宜采用箱型截面。

（二）拱　桥

拱桥的主要承重结构是主拱圈或拱肋。在竖向荷载作用下，桥墩和桥台承受水平推力，同时墩台向拱圈或拱肋提供水平反力，这将大大抵消在拱圈或拱肋中由荷载引起的弯矩，因此与同跨径的梁式桥相比，拱桥的弯矩、剪力和变形都要小得多。拱桥不仅跨越能力大，而且外形也较美观，在条件允许的情况下，修建拱桥往往是经济合理的。

拱桥的主要受力特点是，拱圈或拱肋等承重构件以受压为主，拱桥对墩台产生水平推力，因此，拱桥建造时通常采用抗压能力强的圬工材料（如砖、石、混凝土等）和钢筋混凝土。由于拱桥往往有较大的水平推力，为了确保拱桥的安全，下部结构（特别是桥台）和地基必须具备承受很大水平推力的能力，一般应选择地质条件较好的地域修建拱桥。

在地质条件不适合修建具有很大水平推力拱桥的情况下，也可采用无水平推力的系杆拱桥，其水平推力由系杆承受，系杆可由预应力混凝土、钢等制作。也可采用近年来得到应用发展的具有较低水平推力的飞雁式、三跨自锚式系杆拱桥，即在边跨的两端施加强大的水平预加力，通过边跨拱传至主跨拱脚，以抵消主跨拱脚处的水平推力。

按照行车道处于主拱圈的不同位置，拱桥可分为三种：上承式、下承式、中承式。

此外，按照结构组成和支承方式分类，拱还可以分为三铰拱、两铰拱和无铰拱。

三铰拱属于外部静定结构。由温度变化、支座沉陷等原因引起的变形不会在拱内产生附加内力。当地质条件不良，又需要采用拱式结构时，可以考虑采用三铰拱。其缺点是铰的构造复杂、施工困难、维护费用高。另外，桥面在铰处需设置伸缩缝，桥面纵坡在伸缩缝处会出现折角而不利于行车与养护。

两铰拱属于外部一次超静定结构。由于取消了拱顶铰，使结构整体刚度较三铰拱大，常在墩台基础可能发生位移的情况下或坦拱中采用。与无铰拱相比，两铰拱可以减小基础位移、温度变化、混凝土收缩和徐变等引起的附加内力。由于钢拱桥中设铰较方便，因此钢拱桥采用二铰拱的较多（如澳大利亚悉尼海港大桥和美国新河谷桥）。

无铰拱属外部多次超静定结构。在自重及外荷载作用下，拱内的弯矩分布比两铰拱均匀，材料用量省，由于不设铰，结构的整体刚度大，构造简单，施工方便，维护费用少。但缺点是拱脚变位、温度变化、混凝土收缩等产生的附加内力较三铰拱和二铰拱大。随着跨径的增大，附加内力在结构总内力中的比重会相对减小，因此无铰拱广泛用于石拱桥和钢筋混凝土拱桥之中。

（三）斜拉桥

斜拉桥的上部结构由塔柱、主梁和斜拉索组成，斜拉桥实际上是梁式桥与吊桥的组合形式。它的主要受力特点是，斜拉索受拉力，它将主梁多点吊起（类似吊桥），将主梁的恒载和车辆等其他荷载传至塔柱，再通过塔柱传至基础和地基，因此塔柱为受压构件。主梁由于同时受斜拉索水平力的作用，因此为压弯构件。主梁由于被斜拉索吊起，它如同一个多点弹性支承的连续梁，从而使主梁内的弯矩较一般梁式桥大大减小，这也是斜拉桥具有较大跨越能力的主要原因。

斜拉桥的塔柱、拉索和主梁在纵向面内形成了稳定的三角形，因此，斜拉桥的结构刚度较悬索桥大，抗风稳定性较悬索桥好。在目前所有的桥型中，斜拉桥的跨越能力仅次于悬索桥。

随着斜拉桥跨径的增大，塔高及外侧斜拉索长度增加较快，悬臂施工的斜拉桥因主梁悬臂过长，承受斜拉索传来的水平压力过大，因而风险较大，这也是斜拉桥跨越能力不能与悬索桥相比的主要原因。

斜拉桥的斜拉索、塔柱和主梁三者可按其相互的结合方式组成 4 种不同的结构体系，即漂浮体系、半漂浮（支承）体系、塔梁固结体系以及塔梁墩固结的刚构体系。它们各具特点，在设计中应根据具体情况进行合理选择。

①漂浮体系是将主梁除两端外全部用缆索吊起，在纵向可稍做浮动的一种具有弹性支承的单跨梁。由于主塔的柔性和主梁悬浮状态，该体系对结构的抗震十分有利，因而在大跨度（400 m 以上）斜拉桥中采用较多。

②半漂浮体系的主梁在塔墩处设有支座，接近于跨度内具有弹性支承的三跨连续梁。这种体系的主梁内力在塔墩支点处产生急剧变化，出现负弯矩尖峰，通常需加强支承区段的主梁截面。

③塔梁固结体系的主梁与桥塔固结，主梁与塔柱内的内力以及梁的挠度

直接同主梁与塔柱的弯曲刚度比值有关。该体系存在塔顶水平位移较大等不足，且上部结构全部的重量（包括塔柱的重量）和活载都经由支座传递给桥墩，这样就需设置很大承载能力的支座，因此，特大跨径的斜拉桥不宜采用这种体系。

④刚构体系的塔柱、主梁和桥墩相互固结，形成了在跨度内具有弹性支承的刚构。其优点是体系的刚度大，使主梁和塔柱在外荷载作用下挠度较小。但这种体系在固结处附近区段内主梁的截面必须加大。刚构体系在塔柱处不需要任何支座，但是在刚结点和墩脚处将出现很大的温度附加弯矩。该体系在单索面斜拉桥和独塔斜拉桥中应用较多。

近年来国际上还兴起了斜拉桥的另外一种特殊形式——矮塔斜拉桥。矮塔斜拉桥的受力以梁为主而索为辅，所以梁体高度介于梁式桥与斜拉桥之间，大约是同跨径梁式桥的 1/2 倍或斜拉桥的 2 倍。截面一般采用变截面形式，特殊情况采用等截面，因此它的受力特点与这两种桥型既有联系又有区别。

就梁桥和斜拉桥的受力特点而言，连续梁桥是以梁的直接受弯、受剪来承受竖向荷载，斜拉桥是以梁的受压和索的受拉来承受竖向荷载，而矮塔斜拉桥则兼具这两种受力特点，但矮塔斜拉桥梁体的弯矩没有连续梁桥大，受压也没有斜拉桥主梁那么显著，可以说是处于两种桥型之间的中间状态。

矮塔斜拉桥因为桥梁的刚度相对较大，就没有斜拉索的主要特征构件——尾索。从桥梁的角度来看，矮塔斜拉桥的拉索所起的作用相当于连续梁负弯矩区混凝土开裂后钢筋的作用，即承担拉力，主梁这时就是截面受压区，但同梁桥相比，矮塔斜拉桥自重小、跨径大；同斜拉桥相比，矮塔斜拉桥拉索较少、水平分力较小，从而使得主梁的轴向力也相应减少。因此矮塔斜拉桥具备景观效果突出，施工方便，跨径布置灵活，经济性好（每延米造价与连续梁桥基本持平，低于一般斜拉桥造价）等特征。

（四）悬索桥

悬索桥承重结构的主要部件包括主缆、塔柱、加劲梁、锚碇及吊杆。主梁恒载及活载等竖向荷载，通过吊杆使主缆承受巨大的拉力。主缆悬跨在两边塔柱上，锚固于两端的锚碇结构中，锚碇承受主缆传来的巨大拉力。该拉力可分解为垂直和水平分力。因此，悬索桥也是具有水平反力（拉力）的结构。现代悬索桥的主缆用高强度的钢丝成股编制而成，以充分发挥其优良的抗拉性能。

悬索桥结构自重轻，是目前为止跨越能力最大的桥型，悬索桥受力简单明确。其在主缆架设完成之后，便形成了强大稳定的结构支承系统，使得加劲梁的施工安全方便，施工过程中的风险相对较小。

相对于其他体系的桥梁而言，悬索桥的刚度最小，属于柔性结构，在车辆荷载作用下，悬索桥将产生较大的变形。由于悬索桥的刚度小，其静力、动力（如抗风、抗震等）稳定性应在设计和施工过程中予以高度重视。

悬索桥还有一种特殊的形式——自锚式悬索桥。自锚式悬索桥的设计构思早在19世纪后半叶已经提出。而后在1915年，德国设计师在科隆的莱茵河上建造了第一座大型自锚式悬索桥，即科隆—迪兹桥（主跨185 m）。自锚式悬索桥的加劲梁大多采用钢结构，如2007年建成的美国旧金山—奥克兰海湾新桥等（奥克兰海湾新桥主跨385 m，边跨180 m）。

与斜拉桥相比，自锚式悬索桥虽然同样不需要锚碇，但必须在主缆安装之前先在支架上安装好桥面主梁，而不能像斜拉桥那样进行悬臂拼装。一般认为，在400 m以下级跨度的中小河流上，当便于搭建支架而通航要求又不高时可考虑这种桥型。值得注意的是，由于自锚式悬索桥的结构冗余度小，一旦主梁失效将会带来整体破坏的灾难性后果，所以自锚式悬索桥不是一种性能优良、经济和便于施工的体系。

（五）组合体系桥梁结构

杭州九堡大桥，如图5所示，就是组合体系桥梁结构。对于各种组合体系桥梁，其受力特点自然继承了基本体系的受力特点。但组合体系中需要重点处理的是如何实现不同体系的“无缝连接”，即针对不同体系的交界区其受力特性有较大变化的特点，进行专题研究并通过结构措施解决相关受力问题。例如斜拉—悬吊协作体系中的边吊索疲劳问题一直引起学者的关注，梁拱组合体系中拱脚的复杂应力状况须在设计中采取专门对策等。

图5　杭州九堡大桥

（六）新颖桥梁结构形式

①无背索斜拉桥、拱形桥塔斜拉桥、帆船桥塔斜拉桥、曲线型和折线型

桥塔斜拉桥、桥塔布置在一侧的曲线斜拉桥、斜拉索曲面布置的斜拉桥和斜拉拱桥等。

②单肋斜拱桥、靠背拱桥、无腹杆的格构式拱桥、鱼形拱桥、蝴蝶拱桥、异型拱桥、平面错位拱桥、旋转开启拱桥、空间壳体拱桥和鱼形桁梁桥等。

③曲线型桥塔悬索桥、曲线悬索桥、曲线悬带桥（如图 6 所示）、悬带桥和拱桥的组合体系桥梁。

图 6　曲线悬带桥

④各种仿生桥梁：鱼形桥、天鹅桥、恐龙桥、贝壳桥、蝴蝶桥（如图 7 所示）和日月拱桥等。

图 7　蝴蝶桥

二、桥梁设计流程和原则

（一）桥梁设计流程

一座桥梁的规划设计所涉及的因素很多，而工程比较复杂的大、中型桥梁更是一个综合性的系统工程。设计合理与否，将直接影响区域的政治、经济、文化以及人们的生活。目前，我国桥梁设计的基本程序分为前期工作和正式设计两个大步骤。

1. 预可行性研究阶段

预可行性研究简称“预可”。“预可”阶段着重研究建桥的必要性以及宏观经济上的合理性。“预可”阶段的主要工作目标是解决建设项目的上报立项问题，因而在“预可报告”中，应提出多个比较方案，并对工程造价、资金来源、投资回报等问题提出意见。

2. 工程可行性研究阶段

工程可行性研究简称“工可”。在“预可报告”被审批确认后，才可着手“工可”阶段的工作。“工可”阶段着重研究和制定桥梁的技术标准，在与河道、航运、规划等部门共同研究的基础上提出设计荷载标准，桥面宽度，通航标准，设计车速，桥面纵坡，桥面平，纵曲线半径等技术标准。同时也应提出多个桥型方案进行造价估算和投资回报方面的阐述。

3. 初步设计

初步设计的目的是确定设计方案，应根据批复的可行性研究报告、初测成果、详细资料来进行。在编制各个桥型方案时，应提供平、纵、横布置图，标明主要尺寸，并估算工程数量和主要材料数量，提出施工方案的意见，同时编制设计概算，提供文字说明和图表资料。初步设计经批复后，将成为施工准备、编制施工图设计文件和控制建设项目投资等的依据。

4. 技术设计

对于技术要求复杂的特大桥、互通式立交桥或新型桥梁结构，需进行技术设计。技术设计应根据初步设计批复意见的要求，对重大、复杂的技术问题通过科学试验、专题研究、加深勘探调查及分析比较，进一步完善批复的桥型方案的各种技术问题以及施工方案，并修正工程概算。

5. 施工图设计

施工图设计应根据初步设计（或技术设计）的批复意见，进一步对所审定的修建原则、设计方案、技术决定加以具体和深化。在此阶段中，必须对桥梁各种构件进行详细的结构计算，并且确保强度、稳定性、刚度、裂缝、构造等各种技术指标满足规范要求，绘制出施工详图，提出文字说明及施工组织计划，并编制施工图预算。

国内常规桥梁一般采用两阶段设计，即初步设计和施工图设计。对技术要求复杂的特大桥、互通式立交桥或新型桥梁结构，则采用三阶段设计，即初步设计、技术设计、施工图设计。

（二）前期设计要点

1. 桥梁设计基本资料

在着手设计之前首先要选择合理的桥位，这一步工作关系到桥梁设计、施工和使用的全局性问题。一般桥梁设计中需要进行的资料调查工作包括以下几方面。①调查研究桥梁的使用性质。②测量桥位附近的地形，并绘制地形图，供设计和施工用。③探测桥位的地质情况，作为基础设计的重要依据，对于所遇到的地质不良现象，如滑坡、断层、溶洞、裂隙等，应详加注明。④调查和测量河流的水文情况，与航运部门协商确定通航水位和通航净空，了解沿线有关水利设施对新建桥梁的影响。⑤调查和收集桥位处的地震资料，确定桥梁的抗震设防烈度。⑥调查和收集相关的气象资料，包括气温、雨量及风速（或台风影响）等情况。⑦调查当地建筑材料（砂、石料等）的来源，水泥钢材的供应情况以及水陆交通的运输情况。⑧调查新建桥位上、下游有无老桥，其桥型布置和使用情况等。

2. 桥梁平、纵、横断面设计

高速公路、一般公路上的各类桥梁（特殊大桥除外），其线形布设应满足路线总体布设的要求。而特殊大桥应尽量顺直，以方便桥梁结构的设计。桥梁纵断面设计包括确定桥梁的总跨径、桥梁的分孔、桥道的标高、桥上和桥头引道的纵坡以及基础的埋置深度等关建技术指标。

（三）桥梁设计方案

为了获得经济、适用和美观的桥梁设计方案，设计者必须根据自然条件和技术条件，因地制宜，在综合应用专业知识，了解掌握国内外新技术、新材料、新工艺的基础上，进行深入细致的分析研究对比工作，才能得出科学完美的设计方案。桥梁设计方案的比选和确定可按下列步骤进行

1. 明确各种标高的要求

在桥位纵断面图上，先行按比例绘出设计水位、通航水位、堤顶标高、桥面标高、通航净空和堤顶行车净空位置图。

2. 绘制桥梁分孔和初拟桥型方案草图

在上述确定了各种标高的纵断面图上，根据泄洪总跨径的要求，作桥梁分孔和桥型方案草图。作草图时思路要宽广，只要基本可行，尽可能多绘一些草图，以免遗漏可能的桥型方案。

3. 方案初筛

对草图方案进行技术和经济方面的初步分析和判断，筛去弱势方案，从

中选出 2 ～ 4 个构思好、有特点，但一时还难以判定孰优孰劣的方案，以做进一步详细研究和比较。

4. 详绘桥型方案

根据不同桥型，不同跨度、宽度和施工方法，拟订主要尺寸并尽可能细致地绘制各个桥型方案的尺寸详图。对于新结构，应做初步的力学分析，以准确拟订各方案的主要尺寸。

5. 编制估算或概算

依据编制方案的详图，可以计算出上、下部结构的主要工程数量，然后依据各省、市或行业的“估算定额”或“概算定额”，编制出各方案的主要材料（钢、木、混凝土等）用量、劳动力数量、全桥总造价（分上、下部结构列出）等。

6. 方案选定和文件汇总

全面考虑建设造价、养护费用、建设工期、营运适用性、美观等因素，阐述每一个方案的优缺点。最后选定一个最佳的推荐方案。在深入比较过程中，应当及时发现并调整方案的不合理之处，确保最后选定的方案是优中选优的方案。

上述工作全部完成之后，应着手编写方案说明，说明书中应阐明方案编制的依据和标准、各方案的主要特色、施工方法、设计概算以及方案比较的综合性评述。对于推荐方案应做较详细的说明，各种测量资料、地质勘查和地震烈度复核资料、水文调查与计算资料等，应按附件载入。

（四）桥梁设计原则

1. 桥梁基础设计原则

桥梁基础的发展伴随着桥梁结构的演变、施工技术和施工设备的提升以及桥梁建设者设计理念的进步而发展。一般而言，桥梁基础的主要类型有刚性扩大基础、桩与管柱基础、沉井与钟形基础、沉箱基础、组合基础（由桩、管柱、沉井、钟形等不同基础组合而成），其中桩基础、沉井基础、气压沉箱基础、管桩基础、组合基础是现代常用的基础形式。当前随着施工技术的进步，预制拼装或整体设置基础也展现出良好的发展前景。

（1）桩基础

与沉井、沉箱基础相比，在大多数情况下桩基有下列优点：桩基所需沉入的深度要比沉井、沉箱所需下沉的深度小；当沉井、沉箱与桩的深度相等时，桩基的用料约比沉井、沉箱基础的用料少 40% ～ 60%，因此桩基的造价一般要比沉井、沉箱基础差一些。但桩基础也有劣势：桩基的刚度比沉井、沉箱基础小；在流速大、冲刷深的情况下，桩径将会随着冲刷深度的增大而增大，从而使它的优点也随之逐渐减少。桩基的分类如表 2 所示。

表 2　桩基的分类

分类方式	桩的类型
材料	木桩、钢桩、钢筋混凝土桩、预应力混凝土桩、复合桩
桩的设置状态	直桩、斜桩
施工方法	沉入桩、灌注桩、地基土就地搅拌
桩受力情况	摩擦桩（纯摩擦桩、端承摩擦桩） 端承桩（纯端承桩、摩擦端承桩）
承台的位置	高桩承台桩基、低桩承台桩基
桩与基岩的关系	非嵌岩桩、嵌岩桩

（2）沉井基础

沉井基础的特点是埋置深度可以很大，整体性强且稳定性好，能承受较大的垂直荷载和水平荷载。沉井既是基础，又是施工时的挡土和挡水围堰结构物，施工工艺不复杂。沉井基础的缺点是施工期较长，在井内抽水时细砂及粉砂类土易发生流沙现象，造成沉井倾斜；在下沉过程中如遇到较大障碍物也易造成沉井倾斜过大，沉井的部分分类形式如表 3 所示。

表 3　沉井的分类

分类方式	沉井的类型
材料	钢沉井
	混凝土、钢筋混凝土沉井
	钢丝网水泥薄壁沉井
下沉辅助措施	空气幕沉井
	泥浆润滑套沉井
制作方式	就地浇筑下沉沉井
	浮式沉井

（3）气压沉箱基础

气压沉箱基础与沉井基础的区别在于其底部为一个有顶盖并在顶盖板上装设井管及气闸的施工作业室。在 19 世纪初前后约有百年，气压沉箱是桥梁主要的基础类型。

气压沉箱的最大优点是能排除基底的积水，工作人员可进入底部箱室内实施除障、基底检查处理等各种施工作业，能适用各种复杂的地质和水文条件，基础质量较为可靠；主要缺点是施工设备复杂，施工成本高，工人进入气压箱室作业时的安全问题突出，施工效率低。

目前日本应用了自控式气压沉箱基础施工技术，即采用遥控机械化挖掘系统，尽量减少人工进入沉箱以提高施工安全程度；采取信息化管理系统来控制和检测沉箱的下沉以保证施工质量。

（4）管柱基础

管柱基础是我国于 1953 年修建武汉长江大桥时首创的一种基础形式。武汉长江大桥中运用管柱基础的原因主要是受水文和地质的影响：桥位水深最大可达 40 m，最大水位涨落高差达 19 m，而且高水位持续时间较长；江底覆盖层土质为细砂，基岩表面起伏不平，桥交基础范围岩面高差为 5 ～ 6 m，部分墩位处的岩石中存在有毒气体。施工安全性和基岩起伏等限制了沉井和沉箱的使用。再则，严重的冲刷效应不利于桩基的锚固和稳定。经多方面分析比较，最终采用了由 35 根、直径 1.55 m、嵌岩深度 2 ～ 7 m 的管柱组成。

（5）组合基础

在水深很深且有非常厚的覆盖层或地质条件很复杂的情况下，因施工能力有限，无法将单一形式基础下沉达到预期的深度时，可以采用两种不同形式组合的基础，以接力的方法来修筑桥梁深水基础，通常称这种形式的基础为组合基础。典型的组合基础是沉井、钟形基础与钻孔桩、管柱两两组合形成的基础。另外，还有双壁钢围堰与桩、管柱形成的组合基础。

（6）预制装配和预制安装基础

预制装配和预制安装基础（也称设置基础）按基础形式分为两种：一是预制沉箱基础，在日本、英国、丹麦等国家有应用；另一种是钟形基础，在美国、日本、加拿大等国家也有应用。

日本早在 1988 年建成的南备赞濑户大桥的 6 个海上基础，就采用浮运手段将预制沉箱基础直接安置在已整好的地基上。之后预制沉箱基础逐步得到了推广应用，如英国泰晤士河上的达特福特斜拉桥、丹麦大贝尔特桥（东、西桥）及同年完工的日本明石海峡大桥等都采用了这一基础形式。

（7）地下连续墙基础

地下连续墙有桩排式、槽段式、预制拼装式和组合式等多种结构形式，而应用于桥梁基础的结构形式主要是槽段式。日本在桥梁深水基础施工中广泛使用了地下连续墙施工技术，我国在修建广东虎门大桥时也开始进行地下连续墙施工技术的应用研究，其后该技术在润扬长江公路大桥的锚碇结构中得到利用。

2. 墩台设计原则

桥梁墩台是桥墩和桥台的合称，是支撑桥梁上部结构的构筑物。桥梁墩台与基础统称为桥梁下部结构。

桥梁墩台不仅承受上部结构的作用，还承受桥位条件下可能产生的各种附加力（如流水压力、风荷载、冰压力、船舶或漂流物的撞击作用、桥下车辆的撞击）以及施工时的临时施工荷载，并要将它们传给地基基础。因此，桥梁墩台不仅自身结构应具有足够的强度、刚度和稳定性，而且为确保上部结构的稳定，其对地基的承载力、沉降量、地基与基础之间的摩擦力等也都提出了一定的要求，以避免其在上述作用力的影响下产生过大的沉降、水平位移或者转动。

当前，世界各国的桥梁建设在结构受力与结构造型相协调的方向上迅速发展，提出了实现使用功能与增强人文景观并重的设计理念。这不仅反映在上部结构上，而且反映在下部结构与上部结构的造型相互协调方面。在桥梁的总体规划设计中，应致力于上下部结构在受力上相协调而实现桥梁的使用功能、致力于桥型与桥位环境以及上部结构形式与下部结构形式的协调来增强桥梁的人文景观。因此，合理选择桥梁的墩台造型变得尤为重要。

近年来，国内外的城市立交桥、高架桥中，涌现出了许多结构匀称、形式优美的桥梁墩柱，主要有 4 种形式。①单柱式墩。其截面可以是圆形、矩形、多边形等，这种桥墩的外形轻盈、使人视野开阔。②多柱式墩。其柱顶各自直接支撑在上部结构的箱梁底部，柱间不设横系梁，显得挺拔有力。③矩形薄壁墩。常将其表面构成竖向或横向纹理，线条明快美观。④构造墩。它有多种形式，如 T 形墩、V 形墩和 X 形墩等。以上这些墩台除满足结构受力的要求外，都体现出了造型美观的目的。

3. 承重结构设计原则

桥梁的承重结构主要包括各类桥梁的主梁，拱桥的拱圈、吊杆，斜拉桥、悬索桥的主塔和缆索等。

（1）梁桥的横截面形式

混凝土梁桥的承重结构，主要采用实心板、空心板、肋梁式及箱形截面这四种截面形式，如图 8 所示。采用实心板和空心板截面的梁桥一般被称为板桥。它是最简单的构造形式，一般用于钢筋混凝土简支板桥和连续板桥。空心板截面，则是在实心板基础上，对截面进行挖空，减轻结构自重，增大跨越能力，大多用于预应力混凝土或钢筋混凝土板桥。肋梁式截面，是在板式截面的基础上，将下缘受拉区混凝土进一步挖空，从而显著减轻结构自重，增加梁高与截面抗弯惯性矩，跨越能力进一步得到提高。肋梁式截面有 T 形和 I 字形两种形式；T 形截面一般用于简支梁桥；I 字形截面可用于连续梁、悬臂梁或者简支梁。箱形截面的挖空率最高，截面上缘的顶板与下缘底板混凝土能够承受连续梁跨中截面正弯矩和支点截面负弯矩产生的压应力，抗弯能力强，又因箱梁为闭口截面，抗扭惯性矩大、抗扭性能好，所以箱形截面是大跨连续梁桥和曲线梁桥最适合的截面形式。

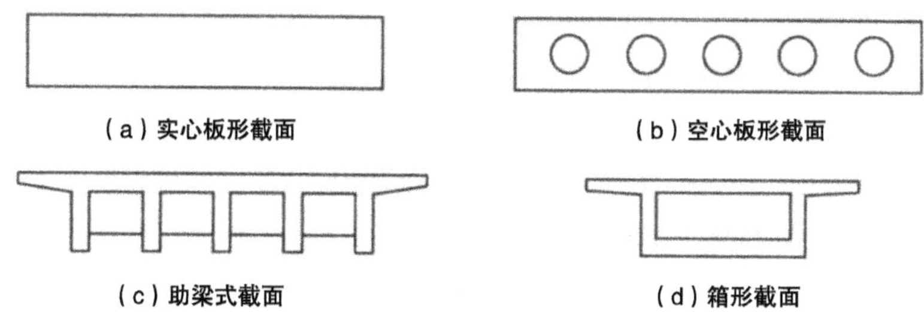

图 8　梁桥横截面形式

（2）拱桥的拱肋

首先，需要根据道路纵曲线以及现场条件确定采用上承式、中承式或下承式拱桥。常用拱肋材料是混凝土拱肋、钢拱肋及钢管混凝土拱肋。

拱是以受压为主的结构，无论是在施工过程中，还是成桥运营阶段，除要求其强度满足要求外，还必须对其稳定性进行验算。拱的稳定性问题主要包括以下两个方面：①若拱肋比较柔细，则当拱承受的荷载达到某一临界值时，拱的平衡状态就不能保持；②在竖向平面内，拱轴线离开原来的受压对称变形状态，向反对称的平面挠曲（受压兼受弯）状态转化，即平面内屈曲（纵向失稳），或者拱轴线倾出竖平面之外，转向空间弯扭变形状态，即侧倾（面外屈曲或横向失稳）。

一般拱桥设计的横向稳定、纵向稳定安全系数取值为 4 ～ 5。除了无风撑拱和单肋拱，拱肋间宜设置适当数量的横撑，以保证拱的横向稳定性。下承式拱的端横梁除要满足横梁受弯的需要外，还应对拱肋提供足够大的抗扭刚度。中承式拱的桥面与拱肋交界处风撑，可采用该处的横梁，也可以单独设立。

（3）斜拉桥和悬索桥的索塔

在斜拉桥和悬索桥中，索塔均是承受结构荷载并传递温度、风、水、冰、地震等自然界外力的核心构件。为了确保结构安全性，索塔计算应包括下列内容。①顺桥向按平面杆系有限元方法计算桥梁结构的总体内力和变形，按各种荷载状况组合内力进行应力验算。②横桥向按平面框架用杆系有限元计算内力，再按各种荷载状况组合内力进行验算。③角点方向按顺桥向与横桥向可能同时出现的荷载组合，进行角点最大或最小应力叠加。④对于扭矩计算，除了计算由于索力偏心引起的扭矩外，对于中塔柱、下塔柱由于柱身倾斜，还应计算在顺桥向各种荷载作用下，顺桥向力矩矢量的分量所引起的扭矩。⑤对于一般跨径的斜拉桥和悬索桥，可按照规范进行偏心受压构件的稳定计算。对于大跨径或特大跨径斜拉桥和悬索桥，需考虑挠曲对轴向力的影响，按空间稳定理论进行整体稳定计算。⑥按照施工实际情况，分阶段对顺桥向、横桥向的位移和内力进行计算。

索塔结构对于全桥结构的整体美学效果具有至关重要的影响，通过选择不同的索塔形状、尺寸、色彩与装饰可以创造出不同的艺术效果。

（4）斜拉桥和悬索桥的缆索

缆索系统是为斜拉桥和悬索桥提供桥面直接支撑的结构。悬索桥的吊索和索夹负责将加劲梁的荷载传递到主缆，故设计时首先应确保其安全可靠。由于在使用过程中，个别吊索可能疲劳破坏，故设计时应考虑日后吊索的可更换性，在选择吊索的形式时应结合加劲梁的尺寸和局部构造来确定其锚固方式。

悬索桥主缆在使用过程中不能更换，设计寿命需要与全桥寿命一致。主缆作为悬索桥的最重要受力构件，主缆成桥的矢跨比是影响全桥刚度和各部构件结构受力的关键因素。矢跨比越大则结构刚度越小，而锚锭所要承受的水平力会减少，相应的缆用钢丝数量和锚最工程也会减少，因此总体方案设计中应综合考虑以确定合理的矢跨比，主缆的安全系数一般不小于 2.5。

斜拉桥主梁重力及桥上荷载通过斜拉索传递到塔柱，拉索的布置是斜拉桥设计中的重要步骤，不仅影响桥梁的结构性能，而且影响施工方法和经济性。

4. 桥面构造设计原则

桥面构造包括行车道铺装、排水防水系统、人行道（或安全带）、缘石、栏杆、照明灯和伸缩缝等。

（1）桥面铺装

桥面铺装应具有抗车辙、行车舒适、抗滑、不透水、刚度好以及与桥面板结合良好等特点。

桥面铺装可采用水泥混凝土、沥青表面处治路面和沥青混凝土等各种类型。水泥混凝土的耐磨性能好，适合重载交通。但在大型桥梁桥面铺装中，因结构体系的原因，桥面板常受拉应力和压应力的交替作用。为防止桥面铺装参与受力而导致开裂，现行《公路桥涵施工技术规范》推荐在大型桥梁中采用沥青混凝土桥面铺装。

（2）桥面防水排水

对于防水程度要求高，或桥面板位于结构受拉区可能出现裂纹的混凝土梁式桥上，应在铺装内设置防水层。桥面防水层设置在行车道铺装层的下层，它将透过铺装层渗下的雨水汇集到排水设备（泄水管）排出。

（3）桥面伸缩缝

桥面伸缩装置的主要作用，是适应桥梁上部结构在气温变化、活载作用、混凝土收缩徐变等的变形需要，并保证车辆通过桥面时的平稳。

桥梁伸缩装置的类型有镀锌铁皮伸缩装置、钢板式伸缩装置和橡胶伸缩装置等。

（4）人行道、栏杆与灯柱

栏杆既是桥上的安全措施和照明灯杆的基础，也是桥梁的表面建筑，除了要求根部设置牢固并诱导失控车辆回归正常行驶状态外，还应予考虑艺术造型。栏杆的高度一般约 0.8 ～ 1.2 m。

（5）声屏障与风屏障

桥梁噪声主要来自车辆本身的机械噪声、车辆与路面的摩擦噪声、桥梁结构振动噪声。声屏障可以干扰噪声的传播途径，有效降低道路两侧的环境噪声。

在跨海大桥上安装桥梁风障要考虑桥梁结构的抗风能力，也要考虑改善桥梁结构上的行车风环境。合理设计风障可以将通航孔桥梁段的风环境提高到和非通航孔桥梁段一致的水平，增加桥梁开放时间。

5. 防灾和结构耐久性设计

桥梁结构防灾设计和结构耐久性设计所要解决的问题就是经济、合理的使用年限问题，即结构寿命期问题。从 20 世纪 70 年代开始，国内外在认真总结建造桥梁的经验教训的基础上，除了继续强调结构设计和施工的安全性之外，还逐步讨论了结构防灾性能、结构耐久性、整体可靠性、构件可换性等，通过对不同桥梁结构灾害等级和风险水平的分析，提出了防灾设计和耐久性设计的新概念。

（1）桥梁抗风设计

现代风工程研究是从对 1940 年塔科马海峡大桥风毁事故的调查开始的，70 多年来已经取得了巨大的进展，形成了桥梁与结构的抗风设计原则和规范。

当风受到结构物阻碍时，它的部分动能将转化为作用在结构物上的外力，这种外力就是所谓的风荷载。当桥梁结构的跨度较小（200 m 以下）、刚度较大时，结构基本保持静止不动，这种空气力的作用只相当于静力作用，即静风荷载（其中包括平均风荷载和脉动风荷载）。而当桥梁结构跨度较大（200 m 以上）时，较小的刚度使得结构振动很容易被激发，这种风的作用不仅具有静力特性，而且具有动力特性，即动风荷载。

风的动力作用激发了桥梁风致振动，而振动起来的桥梁又反过来影响空气的流动，改变空气作用力，形成风与结构的相互作用机制。当空气力受结构振动的影响较小时，空气作用力作为一种强迫力，导致桥梁结构的有限振幅强迫振动，主要包括桥梁抖振和桥梁涡振；当空气力受结构振动的影响较大时，受震动结构反馈制约的空气作用力，主要表现为一种自激力，导致桥梁结构的发散性自激振动，主要包括桥梁颤振和涡激共振。此外，斜拉桥的拉索还会在风或者风雨共同作用下发生不同形式的振动，如拉索涡振、参数振动、尾流驰振和风雨振动等等。

（2）桥梁抗震设计

国内外由地震造成的桥梁结构破坏的数量，远远多于由风灾、船撞等其他原因导致的破坏。根据桥梁地震灾害的灾后调查，桥梁结构的震害主要反映在结构的各个部位，并可以按照结构从上到下分成上部结构震害、支座及附属设施震害和下部结构震害。

桥梁支座的震害是极为普遍的，历来被认为是桥梁整体抗震性能上的一个薄弱环节。破坏形式主要表现为盆式支座锚固螺栓被拔出、剪断或支座本身剪切破坏，板式支座被挤出、剪坏或剪切—挤出破坏。此外，桥梁附属设施中的挡块会发生剪切破坏或剪—拉—弯破坏，伸缩缝会发生水平剪切破坏、竖向剪切破坏或水平拉压破坏，栏杆也会发生侧向变形破坏、竖向变形破坏或水平拉伸破坏等。

下部结构或桥梁墩台的严重破坏主要是由砂土液化、地基下沉、岸坡滑移或开裂引起的，主要震害包括墩柱开裂、桥台开裂、节点开裂等，严重的会导致墩台垮塌。

（3）桥梁防撞设计

由于航行船舶撞击桥梁的事故经常发生，对桥梁结构和生命财产造成很大危害，因此，从桥梁设计阶段开始重视防船撞设计已经逐步得到大家的共识，也使得桥梁工程师在跨径布局阶段对通航要求和跨径选择有了新的认识。

结合桥梁船撞设防水准和性能目标，根据航道通航等级和船舶吨级，设计时必须遵循下列三个防船撞设计理念。

①避让或隔离理念。对于特别重要大桥或有条件增大跨径的桥梁（增加跨径的经济性优于不增加跨径而设置防撞设施的经济性），或船舶吨级大于50 000 DWT（DWT 为船舶的载重吨）的航道，采用避让或隔离桥墩与船舶的理念。

②防撞理念。对于不宜增大跨径的桥梁（增加跨径的经济性劣于不增加跨径而设置防撞设施的经济性），或船舶吨级大于 3 000 DWT，小于 50 000 DWT

的航道，采用防撞耗能措施和桥墩抗撞相结合的理念。

③抗撞理念。对于一般跨径大桥，或船舶吨级小于 3 000 DWT 的航道，采用以桥墩抗撞为主、防撞措施为辅的理念。

6. 构造措施

桥梁在设计的过程中，为了保证结构的安全性和耐久性，除需要满足承载能力验算、极限状态验算以及应力计算外，还需要满足相关构件的构造规定，包括最小混凝土保护层厚度、钢筋的最小锚固尺寸、受拉钢筋连接要求、配筋百分率、钢筋间距以及钢筋构造形式的要求等。

三、桥梁方案设计

（一）桥型适用范围

一般来说，每一种桥型都有其最经济适用的一段跨度范围，低于或超过这一经济适用范围，虽然也可以做成，但往往是不经济的，或者在技术上将会遇到困难而影响其他指标，因此原则上应当在经济适用范围内选择方案。现代桥梁各种桥型的适用范围和极限跨度如表 4 所示。

表 4　现代桥梁各种桥型的适用范围和极限跨度

桥　型	经济适用范围（m）	极限跨度（m）
RC 板桥	10 ～ 20	50
PC 简支梁桥（石拱桥）	20 ～ 50	100
PC 连续梁桥（RC 拱桥）	50 ～ 150	200
PC 连续刚构桥（钢管混凝土拱桥）	150 ～ 300	400
钢连续梁桥（结合梁桥）	200 ～ 300	400 ～ 500
PC 斜拉桥（钢箱拱桥）	200 ～ 500	600 ～ 800
结合梁斜拉桥（钢桁架拱桥）	500 ～ 700	800 ～ 1000
钢斜拉桥、混合桥面斜拉桥	700 ～ 1200	1500 ～ 2800
悬索桥、协作体系	1000 ～ 5000	6000 ～ 7000
索网桥	>3000	—

注：RC 桥梁指普通钢筋混凝土桥梁；PC 桥梁指预应力混凝土桥梁。

主跨 200 m 左右的桥型有 PC 连续梁桥、PC 连续刚构桥、钢管混凝土拱桥、钢连续梁桥、钢箱拱桥以至 PC 斜拉桥（独塔）等。主跨 500 m 左右的桥型有钢箱拱桥、钢桁拱桥、PC 斜拉桥、结合梁斜拉桥等。主跨 1 000 m 左右的桥型则有钢斜拉桥、混合桥面斜拉桥和悬索桥等。

（二）各种基础形式适用范围

在桥梁基础设计时，应综合考虑桥梁结构体系、施工可行性以及地质、水文、环境等众多桥位自然条件，通过分析比较做出基础类型的选择，其中桥位的自然条件是基础类型选择的决定因素。

对于水深小于 5 m 并且有基岩裸露的桥位，刚性扩大基础是首选类型。对水深 5 ～ 50 m 的桥位，桩、管柱和沉井都是可适用的基础类型，其中对 5 ～ 20 m 水深的桥位，国内的施工技术可谓相当成熟；对于处于水深 50 ～ 70 m 的基础，施工难度很大，采用预制安装法施工的沉井基础和钟形基础较为适用，对此国外已有许多成功案例。对于水深大于 70 m 的桥位，无论是基础形式的选择还是相应的施工技术，国内外都缺乏成熟的经验，也是对工程界面临的一大挑战。

第三节　绿色理念下的市政桥梁工程施工技术

一、市政桥梁的施工特点

城市桥梁施工受制于城市范围内地面交通、河道航运等综合环境因素的影响。施工中的废浆、弃土、扬尘、噪声以及管线损坏事故等，均会给城市正常运作和居民生活带来不良影响。随着城市居民环境意识的提高，这些影响越来越变得难以接受。这就要求城市桥梁的建设必须在结构形式、施工方法、施工组织、环境影响防护等多方面入手，以降低城市桥梁施工对环境的影响。

（一）施工所受的关注度较高

一方面，城市居民期盼这些改善民生的工程能够尽早完成，因而对其进展情况比较关心；另一方面，敞开施工的区域被住宅、办公楼所包围，一旦发生安全、质量事故，都将对周边居民及环境造成较大影响，特别是在互联网自媒体高度发达的时代，一个局部出现的问题都会被放大，产生较大的社会影响。

（二）施工期间交通组织复杂

城市桥梁的建设通常是为了改善所在区域的交通条件，然而在建设过程中又难免会对本区域的交通带来不利的影响。为了保证施工的顺利进行，需对施工路段进行“翻交”、改道，甚至局部封闭，从而造成一定程度上区域交通的拥堵。

（三）施工受周边制约条件较多

在城市这个立体空间中修建新的构筑物，会遇到各种各样的障碍物。最常见的包括地下的各种公用管线、地下原有的构筑物、地面的各种架空线、信号灯、路灯、无法搬迁的树木等，还有已经存在的房屋建筑、桥梁、地下隧道等，建设者们必须在狭窄的空间中寻找适合的施工手段。

二、绿色理念下的市政桥梁施工目标

（一）控制水污染

桥梁工程施工过程中需要减少水污染。这是工地环保的一项重要内容。混凝土搅拌站应该设置沉淀池。冲洗搅拌站和清洗搅拌车产生的工程污水和实验室养护用水应该经过汇水系统进入沉淀池，经沉淀处理后再利用或达标后排放。桥梁工程公司还需要在工地食堂设置隔油池，食堂污水经过隔油池沉淀后排入污水管网。

（二）控制光污染

桥梁工程施工过程中为减少施工现场对周围居民的光污染，工地上应该专门设置挡光板，并且控制照明灯的照射角度；桥梁工程施工现场电焊作业采用围挡，避免电焊眩光外泄。在夜间进行混凝土灌注施工时，特殊工点需要设置大型照明灯具时，要调整灯光投射角度以避免影响周围居民的正常生活。

（三）控制噪声污染

桥梁工程施工过程中，噪声是工地的一大顽疾。因此，施工现场需要采取多种办法减少施工噪声，如选用低噪声、低振动的工具；桩基施工时宜选用旋挖钻；钢管、扣件、模板等材料进场时间尽量安排在白天；要求运输材料和混凝土的车辆，进入施工现场时低速慢行；合理安排施工现场机械设备的布局，尽量将噪音大的机械设备布置到远离周边住户的位置，尽可能减少噪声污染。

三、绿色理念下的市政桥梁施工方法

（一）桥梁墩台施工

承台是群桩基础传递荷载的重要结构，承台施工应根据土层的情况，选择合理的基坑围护结构。城市桥梁陆上承台的开挖通常存在与地下管线冲突的风险，因此有必要在承台基坑开挖前，探明地下管线的情况，以避免潜在的风险。大型桥梁主墩基础的承台基坑通常较大较深，其围护结构施工方案需通过设计验算。

水中承台施工围护结构则比较多样化，根据承台的底标高与河床（基底）的关系，可将水中围护结构总体上分为围堰与吊箱。承台落底则可采用围堰法施工，较为常见的围堰结构有钢板桩围堰、单壁钢围堰、双壁钢围堰。承台不落底则较多地采用吊箱的形式，吊箱也有单壁与双壁之分，其通过吊架、吊杆或者牛腿结构吊挂在已经施工完成的桩基结构上。

大尺寸承台的施工往往涉及大体积混凝土内外温差的控制及施工连续性问题。由于混凝土水化过程会释放出大量热量，当混凝土内外温度梯度达到一定阈值后易产生过大内应力而导致结构开裂，因此大体积混凝土养生阶段须采取事先埋设冷凝管为混凝土内部降温（一般阈值控制在25℃以内）的措施。另外为减少不必要的施工冷缝，单次浇筑的大体积混凝土须结合构造措施，采取分层、分块浇筑的施工方法。

城市桥梁的桥墩和盖梁可以采用现场浇筑或预制拼装的施工工艺，现浇盖梁通常采用落地的钢管支架作为承重结构。但近年来受限于城市交通的苛刻条件，也有越来越多的项目采用了无落地支架的模板结构。目前上海等地已经在尝试使用预制的桥墩和盖梁并进行现场安装的施工方法。

（二）桥梁桩基础施工

在环境不敏感区域施工，可以采用振动沉桩或击打沉桩工艺，而在环境敏感区域施工则必须采用钻孔沉桩、旋挖沉桩或静压沉桩工艺。

当采用打入桩桩基施工时，沉桩过程会使周边土体受到挤压而变得更加紧密，并会产生一定量的水平位移，因此需要合理制定群桩的沉桩顺序，并充分调查周边管线的情况，以免因土体位移而破坏管线。

桥梁桩基施工完成后须进行质量检测。预制桩通常会检查桩身的壁厚、长度、混凝土表面质量、轴线倾斜、沉桩的垂直度、接头与桩身的垂直度、接缝焊接质量、桩尖高程等重要参数。

现场成孔并浇筑的桩基，通常需要在成孔期间对成孔深度、孔径、沉渣、垂直度等要素进行检测，成桩后通常采用超声波技术对桩身的质量进行检测。因此，在钢筋笼制作时，通常会在钢筋笼上绑扎预留若干根钢管用于检测。此外，根据设计的要求及施工现场的实际情况，有时还应进行桩基承载力的检测。

（三）桥梁上部结构施工

1. 转体法施工

桥梁转体施工是指在偏离运营状态永久桥位的位置进行浇筑或拼装，形成部分或整体桥梁的上部结构，其后借助于转动机构将主体结构就位于永久桥位。桥梁的转体施工分为竖转法、平转法，以及竖转和平转相结合的方法，目前在城市桥梁建设中，以平转法为主要施工方法，竖转施工则多用于拱桥结构。

转体法施工最大的优势在于，其对环境的影响较小。桥梁结构在跨越区域的两侧进行浇筑或拼装施工，之后进行转体的旋转动作往往只需要数个小时，而最后的合拢段可以采用悬吊模板，从而进一步降低对环境的影响。

转体施工法一般包括以下几个关键技术：①转动机构与转动能力；②施工过程中的结构稳定性和强度保证；③结构的合拢与体系的转换。

随着转体施工工艺的进步，特别是转动构造中摩擦系数的降低和牵引能力的提高，平转方法在斜拉桥和刚构桥中也得到应用。目前我国工程实践中最大转体重量已经达到 19 000 多吨。目前在上海地区跨越高速公路的跨线桥施工中也已经用转体法施工代替挂篮法施工，并取得了不错的效果。

2. 顶推法施工

桥梁顶推法是一种适应性较强的施工方法，适用于施工区域不具备吊装条件且顶推区后方能够进行梁端组拼的环境。在工程实践中，钢结构桥梁采用顶推法施工要比混凝土桥梁多。

顶推采用的液压千斤顶既有可连续拖拉的钢绞线千斤顶，也有通过特殊滑块构造而形成的多点连续工作的顶推千斤顶。多点顶推时须将所有千斤顶串联或采用计算机液压电控技术使之同步工作。由于顶推的各工作面的摩擦力不同，因此，还需要设置能够纠偏的导向装置。

3. 预制拼装法施工

桥梁结构自诞生以来，上部结构的预制拼装法便是最早使用的结构形式。现代桥梁工程建设中基于城市环境的特点，预制拼装式桥梁在城市桥梁中的比例也在不断地提高。

随着我国预制化桥梁的飞速发展，目前简支梁桥以及先简支后连续的连续梁桥占据了预制拼装桥梁的绝大部分。从拼装式桥梁结构的分段方式来看，横向分段的桥梁相对纵向段的桥梁占据了绝对的优势；从预应力的形式上看，后张法的结构断面形式要多于先张法的结构断面形式。

为有效地解决诸如城市高架道路、交叉口立交等市区桥梁工程对现有道路交通的影响，桥梁结构及其施工工艺正逐步向着更加快速高效、绿色环保的全预制化技术方向发展。例如节段预制拼装工艺的运用、桥梁上部结构与下部结构的盖梁和立柱等预制化的推行，均在加快施工进度、减少支架、降低对现有道路的占用等方面发挥了环境和社会综合效应。

（1）梁的预制

桥梁构件可以在现场预制，也可以在专门的预制工厂内预制生产，当需要预制的构件数量较多时，工厂预制生产具有成本优势。

先张法生产预制梁，就是在一个台座上先将预应力筋张拉完成，而后再浇筑混凝土，使带有预加力的预应力筋与梁体混凝土直接粘结在一起。

先张法的钢绞线是整体共同张拉，因此张拉力相对较大，需要特别注意对台座液压系统的检查以及张拉作业时的安全防护。

后张法预制桥梁结构相对于先张法来说，其对场地要求更简单。后张法预制台座的基础只要能保证预制期间有足够的刚度以满足沉降变形的相关要求即可。此外，在张拉预应力后，桥梁构件会略微起拱，从而使得台座的两端承受整根构件的重量，这个工况也是台座设计需要考虑的因素。

后张法预应力施工的控制关键点在于预应力系统的施工质量。预应力孔道位置的准确性、锚下混凝土的密实度、孔道压浆的密实度、锚垫板材料的可靠性等都是影响施工质量的关键，对于薄壁易开裂的构件，则应严格控制预应力管道的线形。

后张法桥梁的预制构件中有一类特殊的桥型，即预制节段梁。常规的桥梁是将桥梁在横向上分成若干段，每段在架设期间都能独立支撑在两个立柱之间，而预制节段梁则是将桥梁上部结构在纵向上分成若干个节段。

节段的预制可分为长线法与短线法。长线法需在适应整跨梁长度的台座上制作节段。采用长线法预制节段可以简化对桥梁的线形控制，但对场地的占用较大。短线法台座的长度通常仅为三个节段的长度，台座上同时只有两个节段，即作为端模板的已成型节段以及待浇筑节段。短线法工艺的优点是模板周转率较高，且在预制场中占地面积较小。短线法的缺点是，预制节段拼装时，需要逐个节段控制整体结构的线形，就必须有一套复杂的多向可调的模板系统，对施工工艺要求较高。

钢梁通常是在钢结构专业单位的厂房里制作的，故而钢结构桥梁也可以被看作预制桥梁的一种。施工时，通常会在制作场地内根据桥梁线形搭设胎架，并在胎架上完成桥梁大节段的制作，这些大节段的分段是根据安装现场的吊装条件以及道路运输条件确定的。

（2）梁的运输

在城市桥梁的工程实践中，往往是由陆地运输的限制条件而决定预制节段尺寸和重量的。在城市中运输桥梁构件，既要考虑所经过的桥梁的承载能力，也要考虑所经过的区域净空，并检查途经道路的状况，即是否会产生较大颠簸从而损坏桥梁构件。为了防止运输过程中构件发生滑移，或者因为振动和颠簸受损，应在运输过程中采取有效的构件固定措施。并在构件的合理受力点设置具备减振效果的支承结构。

常见的运输车辆以及运输形式有以下几种。①采用分离式挂车（俗称“炮车”）运输空心板梁、T 梁等结构。通常其重量不超过 80 ～ 100 t。②采用分离式挂车运输 T 梁、小箱梁、U 形梁等结构。通常其重量为 100 ～ 200 t。③采用半挂低平板车或牵引多轴液压平板车运输预制节段梁。半挂平板车可运输 100 t 以内的构件，而多轴液压平板车可运输 100 t 以上的构件。

相比于陆上运输，水面运输具有运量大、运价低、构件尺寸限制小等特点，但是需要多建专用的码头用于构件的装卸。

桥面运输桥梁预制构件通常是为了配合架桥机架设预制梁而采用的运输方法，但应该注意的是构件运输的行进线路带来的荷载不能对已完成架设的桥梁带来损害，应根据构件的尺寸特点，选择带有铁轨的轨道小车或者多轴轮胎式车辆进行桥面运输。

（3）预制桥梁的安装

城市桥梁安装作业中，通常会因地制宜地采用地面吊机、桥面吊机或架桥机工艺，这些吊装作业的起吊重量大、起重高度高、安装条件复杂，都具有一定风险性。

1）采用地面吊机安装

地面吊机安装预制桥梁结构是最常见、最易实施的施工方法。城市桥梁中通常采用的地面吊机包括移动式起重机（俗称“汽车吊”）、履带式吊机、龙门吊机。

2）采用桥面吊机安装

一般针对具体工程采用订制或改制的专用桥面吊机用于节段吊装作业。通用性比较强的是桅杆式吊机，如图 9 所示。这种吊机可以停在桥面上吊装分段的桥梁构件，也可以用于拱桥分段主拱肋的吊装。

图 9　桅杆式吊机

节段式桥梁的悬拼吊机（或称节段提升架）可用于梁式桥、斜拉桥的悬臂对称拼装节段的施工，其底梁通常锚固在桥面，利用液压或电动卷扬机将节段对称提升到桥面并进行拼接。

3）采用架桥机安装

架桥机是现在使用较广泛的一种专用设备，架桥机可以不依赖地面，直接在已经施工完成的桥梁墩柱上行走并架设。如果配合预制构件的桥面运输，则整个上部结构的安装可完全不依赖地面，在跨越河道、交通繁忙区域、多障碍物的环境下施工非常具有优势。

用于桥梁施工的常见的架桥机有以下几种。

①用于吊装单跨多片预制梁的小吨位整梁架桥机。这些架桥机的起重能力通常为 100 ～ 250 t，通用性较强。

②用于吊装单跨单梁的预制整梁运架一体的架桥机。目前比较具有代表性的是用在我国高速铁路施工中的 900 t 级运架一体机，这种架桥机完成一跨梁的架设并过孔到下一跨梁时最快只需要约两小时。

③用于节段拼装桥梁施工的架桥机。节段式桥梁通常可分为逐跨拼装桥与悬臂拼装桥，相对应地也有不同形式的架桥机。

④逐跨拼装架桥机按照架桥机主梁相对于桥面的位置不同，还可以分为上行式架桥机和下行式架桥机，如图 10、图 11 所示。

图 10　上行式架桥机

图 11　下行式架桥机

⑤悬臂拼装式架桥机因为需要至少跨越两跨桥的长度，因此其长度较逐跨拼装架桥机更长。其主梁的刚度通常小于逐跨拼装架桥机，拼接每组节段时，需要将节段用临时预应力与永久预应力共同拼接到已经完成的相邻节段上。

4. 现场浇筑法施工

（1）落地支架现浇法

作为最传统的桥梁施工方法，从地面上搭设支架并现场浇筑混凝土目前仍然在很多地方应用。目前使用较普遍的有钢管扣件式、碗扣式、扣盘式、门式等不同的支架系统。

将桥梁投影面积内全部布满竖向承载的竖杆，这种支架被称为满堂支架。除了满堂支架以外，近年来还有很多桥梁工程利用膺架法进行桥梁上部结构的浇筑。膺架作为特殊的支架，通常可以用在跨越河道、有交通的路口等工况的现浇施工。

（2）挂篮法悬臂浇筑施工

挂篮法悬臂浇筑工艺是跨越水系的连续梁桥、刚构桥最主要的施工方法。虽然是现场受筑式的施工方法，但其整个工作面都是在空中已完成的桥面上，对周边的环境影响也较小。

挂篮法悬臂浇筑工艺除了在梁式桥中得到普遍应用外，还在斜拉桥的混凝土主梁施工中得到应用。为了保证挂篮的承载能力，往往会用斜拉索牵引挂篮，这种挂篮也被称为牵索式挂篮（前支点挂篮）。

（3）移动模架

移动模架也称造桥机，是近年来发展起来的新的桥梁施工技术，也是介于架桥机架设与现场支架浇筑之间的一种施工方法。按照移动模架相对于桥面的位置关系，移动模架也可以分为上行式和下行式。

第五章　市政轨道交通施工技术

在城市化进程中，随着城市交通拥堵不断加剧，世界各国普遍认识到解决城市交通问题的根本出路在于优先发展以轨道交通为骨干的市政公共交通系统。各大城市轨道交通建设快速发展，逐步形成了立体化的轨道交通网络。本章主要从市政管道交通工程建设现状、市政轨道交通工程设计以及绿色理念下的市政轨道交通工程施工技术三个方面进行探讨。

第一节　市政轨道交通工程建设概述

一、城市轨道交通建设现状与发展历程

（一）国内城市轨道交通建设现状与发展历程

1. 国内城市道交通建设总体现状

我国在大城市修建地铁最初是出于备战的考虑。20 世纪 50 年代末期，我国开始规划在北京、沈阳、上海三座重要城市修建地铁。北京地铁于 1965 年 7 月 1 日首先开工，1969 年 9 月 20 日第一期工程在建国 20 周年大庆前建成并正式通车。由于属于战备工程，北京地铁在通车后很长时间内不对公众开放，需凭介绍信参观及乘坐。直至 20 世纪七八十年代，我国各大城市借鉴国外发达城市的公共交通规划经验，轨道交通逐渐才成为我国城市公共交通的骨干网络。1981 年 9 月，北京地铁作为中国首条地铁正式对外运营。截至 2014 年年末，我国累计有 22 个城市建成投运城轨线路 101 条，运营线路长度 3 155 km。其中地铁 2 438 km，约占线路总长的 77.3%；轻轨 239 km，约占线路总长的 7.6%；单轨 87 km，约占线路总长的 2.8%；现代有轨电车 134 km，约占线路总长的 4.2%；磁浮交通 30 km，约占线路总长的 1%；市域快轨 227 km，约占线路总长的 7.2%，如表 5 所示。城市轨道交通已成为国家重点发展的产业之一，具有巨大的市场潜力。虽然从总量看，我国的轨道交通建设已经跃居世界首位，但是从轨道交通占客运量的比例以及人均轨道交通运营里程等指标来看，我国

的城市与国外发达城市相比，还存在较大差距。我国大多数城市尚未形成有效的轨道交通运行网络，总体规模不大。目前伦敦、东京、纽约等国际大都市，其高峰时段轨道交通占公共交通出行的比重在60%以上，而我国北京、上海等轨道交通最发达的城市，该项比例仅为40%左右（2013年数据）。

表5　2014年全国已开通城轨交通线路长度统计表（2015年1月）

序号	城　市	运营线路总长度（km）	运营线路（条）	运营线路制式及长度（km）						备　注
				地铁	轻轨	单轨	现代有轨电车	磁浮交通	市域快轨	
1	北京	604	19	527	—	—	—	—	77	含市域快轨S2线77 km
2	上海	643	17	548	—	—	9	30	56	含市域快轨22号线56 km 不含11号线苏州段6 km
3	天津	147	5	87	52	—	8	—	—	—
4	重庆	202	4	115	—	87	—	—	—	—
5	广州	239	9	239	—	—	—	—	—	不含广佛线21 km
6	深圳	179	5	179	—	—	—	—	—	—
7	武汉	96	3	61	35	—	—	—	—	—
8	南京	176	6	168	—	—	8	—	—	—
9	沈阳	114	6	54	—	—	60	—	—	—
10	长春	56	3	—	48	—	8	—	—	含54路有轨电车8 km
11	大连	127	4	—	104	—	23	—	—	含旅顺南线40 km
12	成都	155	3	61	—	—	—	—	94	含市域快轨成灌线73 km、成彭线21 km
13	西安	52	2	52	—	—	—	—	—	—
14	哈尔滨	17	1	17	—	—	—	—	—	—
15	苏州	76	4	58	—	—	18	—	—	含上海11号线苏州段6 km
16	郑州	26	1	26	—	—	—	—	—	—
17	昆明	60	2	60	—	—	—	—	—	—
18	杭州	66	2	66	—	—	—	—	—	—
19	佛山	21	1	21	—	—	—	—	—	为广佛线21 km
20	长沙	22	1	22	—	—	—	—	—	新开通城市轨道交通城市
21	宁波	21	1	21	—	—	—	—	—	新开通城市轨道交通城市
22	无锡	56	2	56	—	—	—	—	—	新开通城市轨道交通城市
合计		3155	101	2438	239	87	134	30	227	—

2. 国内现代有轨电车建设的发展历程

有轨电车在国内同样也经历了发展到拆除的历程。我国大陆最早的有轨电车出现于1899年清朝时期的北京，由德国西门子公司修建，连接郊区的马家堡火车站与永定门，但未及运营就在1900年的义和团运动中遭到毁坏。1904年香港开通有轨电车。此后设有租界或成为通商口岸的各个中国城市相继开通有轨电车。天津、上海先后于1906年、1908年开通，日本和俄国相继在大连（1909年）、沈阳（1924年）、哈尔滨（1927年）、长春（1935年）等城市开通有轨电车线路。北京的市内有轨电车在1924年开通。20世纪50年代，鞍山开通有轨电车。随着城市公共交通的发展和车辆增多，这种被老北京称为“铛铛车”的带铃铛的有轨电车才渐渐消失了。从1950年代末开始，中国的大城市陆续拆除有轨电车线路。直到目前，我国有轨电车的运营里程也十分有限。截至2006年，我国运营有轨电车的城市仅包括大连、长春以及香港（双层有轨电车、屯门轻铁）。其中，屯门轻铁属中运量现代有轨电车系统。

借鉴发达国家的建设经验，我国逐渐重视现代有轨电车的发展。2006年，天津滨海新区开通国内第一条胶轮导轨现代有轨电车线路。2009年年底，上海张江开通了国内第二条胶轮导轨现代有轨电车线路。2009年至今全国有40多个城市已经建成或规划有轨电车。

在上海，2009年建成的张江有轨电车是上海市首条现代化有轨电车线路，全长9.8 km，起点与地铁2号线张江高科站“零换乘”。作为城市骨干交通线网的辅助延伸线路，其沿线覆盖了张江工业园区内主要产业基地、科研院所、医院和生活区域。运营方式采用有轨电车和社会车辆混行模式，最高时速可达70 km/h，运行速度为30 km/h左右，速度介于地铁和公交之间。

2010年下半年，苏州高新区内规划6条总长80 km的有轨电车网络，作为新区内部的骨干公共交通系统，与轨道交通1号线、3号线形成换乘，并于2011年初启动1号线的建设工作。现代有轨电车又一次进入了国内公共交通体系的考虑范畴。高新区经过大量的调研与分析，1号线最终形成了“专用路权、钢轮钢轨制式、接触网供电、地面线路敷设”的现代有轨电车技术标准，成为现代有轨电车系统制式的通用技术标准。

2011—2014年期间，我国钢轮钢轨制式的现代有轨电车系统应用从苏州高新区开始遍布全国主要区域，现代有轨电车掀起了一股发展热潮，尤其是钢轮钢轨制式开始在国内蓬勃发展。2013年，沈阳建成浑南新区现代有轨电车网，作为区域骨干公共交通的现代有轨电车网，整个路网由4条线路组成，线路总长约 60 km。它的建成与顺利运营同样成为我国有轨电车复兴进程中的里程碑。截至 2014 年上半年，我国已有 6 个城市运营现代有轨电车线路，10 个城市正在建设现代有轨电车线路，近 50 个城市正处在规划或设计阶段。

与传统的双轨电车“铛铛车”相比较，现代有轨电车采用地面轨道导向技术，车辆为低地板、轨道导向、胶轮承重和驱动，还配备了先进的综合监控系统，保证行驶的安全。目前，现代有轨电车发展已经不存在技术方面的问题，但在线网规划和运营管理上还有许多需要进一步思考的问题，关于现代有轨电车线网规划与城市发展相结合方面的研究还较为欠缺。由于有轨电车会占用道路资源，因此相比地铁规划，有轨电车的线路规划显得异常重要。首先必须最大限度地发挥有轨电车网络化运营特征；其次要考虑在智能交通规划的基础上来进行有条件信号优先的设计。

（二）城市轨道交通建设现状与发展历程

自世界上第一条城市地下铁路（1863 年，英国“伦敦大都会铁路”）和第一条有轨电车系统（1888 年，美国弗吉尼亚州里士满市）投入运行以来，城市轨道交通至今已经过一百五十多年的发展。世界主要大城市逐渐形成了比较成熟完整的轨道交通系统。不同类型的交通系统，适用于不同运量等级的路线。

1. 全球城市地铁与轻轨建设的现状

城市地铁与轻轨都是需要巨额投入的城市基础设施项目，是城市公共交通的重要组成部分，目前在世界各地的大型城市公共客运交通网络中都占有骨干地位。英国伦敦于 1863 年 1 月建成的世界上第一条地下铁道现已延伸运至 88.5 km，共 61 个车站，成为当今世界上最长的一条地下铁道。此后，世界各地已有 52 个国家建成运营地铁及轻轨线，总里程超过 11 000 km。伦敦、巴黎、莫斯科、纽约、东京、北京、上海等城市的地铁线路均超过 300 km，日客流量超过 300 万人次，地铁成为市民出行的主要交通工具。表 6 所示为截至 2014 年，世界地铁长度排名前十的城市。

表 6　世界地铁长度排名前十的城市

排　名	国　家	城　市	长度（km）
1	中国	上海	548
2	中国	北京	527
3	英国	伦敦	402
4	澳大利亚	墨尔本	372
5	美国	纽约	369

续 表

排 名	国 家	城 市	长度（km）
6	日本	东京	326
7	韩国	首尔	314
8	俄罗斯	莫斯科	312.9
9	西班牙	马德里	284
10	中国	广州	239

2. 全球城市有轨电车的发展历程

从全球有轨电车的发展历程分析，其经历了起步、发展、衰退、复兴四个阶段。

在汽车尚未普及的马车交通时代，德国工程师冯·西门子于 1881 年制造出世界上第一辆有轨电车。因其优于马车的运行速度，于 20 世纪初很快在世界范围内迅速发展起来，全球几乎每一个大都市都建有有轨电车。第二次世界大战（简称“二战”）之前德国的有轨电车线路总长近 5 000 km；英国到 1927 年共有 173 条有轨电车线路；法国有轨电车于 1930 年达到高峰期，共有 70 个城市、3 400 km 的运营线路；美国到 1923 年有轨电车发展达到鼎盛时期，线路总长达到 7.56×10^4 km。

20 世纪初期，汽车工业得到了长足的发展，汽车车辆技术得到很大提高。汽车以其方便、灵活、舒适的特点征服了消费者，再加上当时世界上石油供应充足、价格低廉，汽车逐渐成了人们出行的主要交通方式。同时，越来越多的汽车造成道路日益拥挤，阻碍了有轨电车的正常运行。而且，老式的有轨电车车辆由于加速、制动性能差，难以适应拥挤的道路环境。在这样的背景下，有轨电车开始衰落，许多国家开始拆除有轨电车线路。

自 20 世纪 70 年代以来，世界各国的经济发展很快，城市人口增长迅速，城市区域不断扩大，城市内部交通需求急剧上升。此外，1971 年中东战争结束以后，石油价格大幅度上涨，开始出现能源危机。伴随着城市能源危机、交通拥堵、环境污染问题的日益严重，公共交通的重要性又被人们重新认识，发达国家被迫重新将大容量的轨道交通作为发展城市公共交通的重点。与此同时，有轨电车技术（尤其是车辆技术）有了很大的改进。在全世界大规模拆除有轨电车的浪潮中，欧洲西部和东部的一些城市将其保留了下来，并使其得到了发展。20 世纪 70 年代，出现了现代化大容量铰接的有轨电车，20 世纪 80 年代中期又出现了更具现代化气息的低地板车型，有轨电车系统重新登上了公共交通的舞台。

由于中小城市无法负担地铁的巨额投资，现代有轨电车线路在欧洲许多中小城市受到青睐，并将其作为城市轨道交通的骨干网络，使有轨电车迎来了复兴和新的发展机遇。2005 年全球有 125 个城市开通运营了现代有轨电车，到 2010 年已有 137 个城市开通了现代有轨电车。欧洲的现代有轨电车无处不在，大到数百万人口的国际大都市，小到十几万人口的小城市，都设有有轨电车。这些有轨电车线路通常在不同规模的城市扮演着不同的角色。在大城市，有轨电车线路主要分布于城市周边或卫星城市，作为快轨交通的补充和延伸，与中心城区的快轨交通和公交实现方便的换乘；对于中小城市，现代有轨电车往往成为城市的骨干交通模式，线路则几乎全部穿过市中心。例如，瑞典哥德堡、澳大利亚墨尔本和法国斯特拉斯堡等城市，有轨电车网络都起到了公共交通网络中的骨干作用。

据统计，截至 2013 年年底，世界上有近 50 个国家 400 多个城市在运营现代有轨电车系统，主要分布在欧洲、北美等地区，另外在澳大利亚、日本等国家也得到广泛运用。

二、我国城市轨道交通系统建设程序

目前，我国城市轨道交通线路的建设一般分为两个阶段：项目前期研究阶段和项目建设设计阶段。主要程序：线网规划—建设规划—工程预可行性研究—工程可行性研究—总体设计—初步设计—施工图设计—施工—运营。

（一）城市轨道交通线网规划

城市轨道交通线网规划是城市总体规划和城市交通规划的重要组成部分，属于长远性、控制性、宏观性、指导性的规划，是总体规划滚动发展的专项规划。其主要是协调总体规划和综合交通规划对城市轨道交通的总体要求，对城市轨道交通线网起宏观控制作用。

（二）城市轨道交通建设规划和工程预可行性研究

城市轨道交通建设规划是近年来依据《国务院办公厅关于加强城市快速轨道交通建设管理的通知》的精神陆续开展的重要的前期工作。该文件主要研究轨道交通近期建设的必要性、发展目标、建设方案和资金筹措等问题，是指导城市近期轨道交通建设的纲领性规划。根据国内各城市的经验，建设规划一般研究城市今后 10 年内的建设项目。

根据城市轨道交通建设规划所确定的建设线路顺序，选择需要进行工程预可行性研究的线路。工程预可行性研究的重点是阐明项目建设的必要性，提出工程建设范围和规模、系统运能和水平，进行投资估算、资金筹措和经济分析，为项目建议书的编制、报批、项目立项提供依据和技术支持。

城市轨道交通建设规划中的研究要点需要提供“工程预可行性研究”的研究成果予以支持，两者是相互支持的。一般城市轨道交通建设项目的立项都是一期工程的立项，工程预可行性研究的重点在“城市轨道交通建设规划”得到审批后确定的一期工程。目前的通常做法是，城市轨道交通建设规划和工程预可行性研究同时进行。对建设规划确定的近期建设项目均做预可行性研究。

（三）工程可行性研究

工程可行性研究是研究项目实施的必要性和可行性，是确定工程规模和主要技术方案的重要依据，是国家审批工程投资概算、进行项目决策的重要依据，其报告的编制内容和深度可依据国家相应的管理文件。

（四）设计阶段

设计阶段主要包括总体设计、初步设计和施工图设计。总体设计阶段在“工程可行性研究报告”及国家评审意见的基础上，结合外部条件，对工程的各专业系统进行深化、研究和技术方案的比较。确定工程的规模、设计原则、标准和技术要求，经业主组织审查批准后，作为下一步编制初步设计的依据。初步设计阶段基本沿袭总体阶段的工作模式，但与总体设计相比，设计更为细致、方案更严格并经过层层审核。施工图设计阶段主要将图纸作为施工建设的依据，它能把设计者的意图和全部设计结果表达出来，是设计和施工工作的桥梁。

（五）施工阶段

施工阶段根据工程设计图纸和相关文件的要求进行施工。

（六）运营

工程竣工后按运营计划实现通车运营。

第二节　市政轨道交通工程设计

一、地铁和轻轨系统的设计

（一）地铁和轻轨系统的构成

地铁系统和轻轨系统的构成基本相同，主要包括车辆、车辆段、限界、土建工程和机电工程等。其中，土建工程包括线路、轨道与路基、建筑、结构；机电工程包括供电系统、通信系统、信号系统、通风空调与采暖系统、给排水与消防系统、火灾自动报警系统、环境与设备监控系统、自动售检票系统、自动扶梯、电梯和站台屏蔽门等。如图 12 为城市轨道交通系统专业划分示意图。

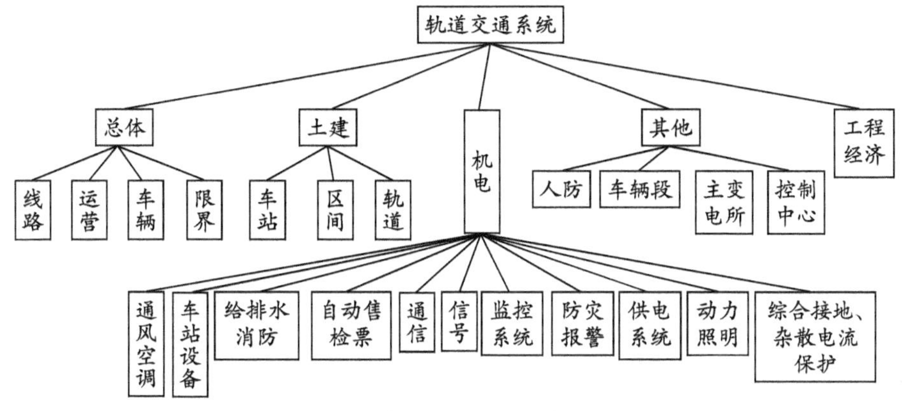

图 12 城市轨道交通系统专业划分

（二）地铁和轻轨选线和线路设计

1. 选线及车站分布

（1）一般规定

城市轨道交通线网布局的合理性，对城市轨道交通的效率、建设费用，对沿线建筑文物的保护、噪声防治及城市景观等都会产生巨大影响，对城市发展起着重要的推动作用。对于城市轨道交通线网的布局，除需要考虑地区的繁华程度、人口稠密程度外，还须考虑轨道交通线网具有调整优化城市布局和用地功能的潜在优势，即所谓“廊道效应”。做好轨道交通线网规划，可减少拆迁及避免发生错误的布局。

城市轨道交通线网实施规划对线路敷设方式（地下、高架、地面）、换乘节点、修建顺序、运行规划、联络线分布以及与地面交通的衔接等提出规划要求，并适应城市经济发展与城市主客流方向、客流量密切配合的需要，不允许施工后产生方案性的变更。

（2）车站分布

1）影响车站分布的因素

城市轨道交通的车站分布应考虑的影响因素有大型客流集散点、城市规模大小、城区人口密度、线路长度、城市地貌及建筑物布局、轨道交通路网及城市道路网状况、乘客对站间距离的要求等。

2）车站分布对居民出行时间的影响

车站的数量，直接影响居民乘轨道交通的出行时间：车站多，居民步行到车站距离短，节省步行时间，可以增加短程乘客的吸引量；车站少，则提高了交通速度，减少乘客在车内的时间，可以增加线路两端乘客的吸引量。

3）站间距对工程、运营及城市发展的影响

车站分布应根据上述内容经科学地综合分析，进行详细的方案比选后确定。单从土建工程造价比较，车站每延米的造价约是区间每延米造价的2.4倍。站间距越小，车站数量越多，轨道交通的造价就越高。站间距增大，车站数量可以减少，车站造价可以节省，但是乘客步行距离及时间加长，轨道交通在综合交通中的客流吸引能力会降低，同时单个车站的负荷有所增加，车站设计长度相应加长。

在站距缩短、车站数量增加的同时，列车运营费用也会上升。根据苏联地铁运营统计资料，地铁运营速度约与站间距离的平方根成正比。站间距离缩短会降低运营速度，进而增加线路上运营的列车对数，还会因频繁地起、停车而增加电能消耗、轮轨磨耗等，从而增加运营费用。

从车站在城市中的作用看，如果车站之间的间距足够大，则各车站会发展成综合性的公共活动中心及交通枢纽，并逐渐集社会、生产、行政、商业及文化生活职能于一体，成为吸引居民居住和工作的核心。

2. 线路平面

线路平面设计的主要要素有最小曲线半径、夹直线最小长度、最小圆曲线长度，以及缓和曲线线形和长度。

轨道交通线路一般由直线、圆曲线以及连接直线与圆曲线的缓和曲线构成。小半径的线路有许多缺点，如需要较大的建筑接近限界去容纳与车辆端部和中部的偏移距离，加速轮缘和轨道的磨耗，增加噪声和振动公害，还必须限制行车速度。最小曲线半径的选定是否合理对地下铁道线路的工程造价、运行速度和养护维修都将产生很大的影响。

3. 线路纵断面

轨道交通线路按地面标高差异分为地面线、高架桥线、地下线。地面线形的坡度应与城市道路相当，以减少工程量。地下线的埋深受到所在地区工程地质、水文地质条件限制，还与隧道施工方法、地面建筑物和地下构筑物的情况等因素有关。敷设高架线应充分注意城市景观，考虑机车牵引能力，坡度尽量延长。

地下铁道车站设在线路纵断面的最高处，车站两端为下坡，称为节能纵坡。列车从车站启动后，借助下坡势能增加列车的加速度，缩短列车牵引时间，从而达到节能目的。在列车进站时，可借助上坡阻力，降低列车的速度，缩短制动时间，减少制动发热，节约资源，控制能量的消耗。

4. 车辆与限界

（1）车辆选型基本原则

车辆是城市快速轨道交通系统安全、快捷和有效地运送乘客，实现工程总目标的重要工具和设备。车辆选型是选择线路技术标准的基础，是确定相关土建工程和设备规模的主要依据，是合理采用系统运营模式和管理方式的基本条件。合理选用车辆及其技术条件是控制工程投资、降低运营成本和提高企业效益的有效途径之一。

（2）限界

限界是指保障轨道交通安全运行、限制车辆断面尺寸、限制沿线设备安装尺寸、确定邻近建筑结构有效净空尺寸的轮廓线，是各种设备及管线安装位置的依据。其应力求安全可靠、经济合理且能满足各种设备及管线安装的需要。限界应根据车辆断面尺寸和技术参数、受电方式、轨道特性、设备及管线安装状况、施工方法等因素，综合分析计算确定。

轨道交通的限界主要包括车辆限界、设备限界和建筑限界，其中设备、管线和邻近建筑结构等部分的空间尺寸主要由设备限界和建筑限界控制。

（三）地铁与轻轨土建工程

1. 车站建筑与换乘

（1）车站建筑

车站是城市轨道交通系统中重要的组成部分之一（另两个组成分别是“区间”和“车辆段”）。它与乘客的关系最为密切，且集中设置了轨道交通运营中很大一部分技术设备帮运营管理系统，对保证轨道交通安全运行起着至关重要的作用。因此车站的站位选择、建筑设计的合理与否，直接影响地铁的社会效益、环境效益和经济效益，影响城市规划和城市景观。

1）车站建筑的分类

轨道交通车站分为换乘站和一般站两大类。一般车站建筑根据位置、埋深、运营性质、结构断面形式、站台形式等有不同的分类方法。

①按车站与地面的相对位置分类为地下车站、地面车站和高架车站，如图 13 所示。

地下车站位于地面以下。地下车站节约城市用地，有良好的防护功能，但是车站施工复杂，需要人工采光和通风，发生火灾扑救也比较困难。按地下车站埋深，其又分为浅埋车站和深埋车站。

地面车站位于地面。该类车站工程量小，且可以根据周边建筑灵活布置，可以采用自然通风和采光，造价也较低。但这种方式占地较大，线路敷设受城市交通影响较大，一般用于郊外或中小运量的轨道交通。

高架车站是位于高架桥上。高架车站除了出入口、站厅及部分设备用房外，大部分建筑体量均在高架桥上，高架桥下还可以通行车辆和行人。高架线路和城市道路形成立交形式，因此不会造成地面车站带来的对城市交通的干扰和影响。高架车站较地下车站造价较少、施工容易，但对城市景观和环境（行车噪声）影响较大，有永久性阴影区。

（a）地下车站

（b）地面车站

（c）高架车站

图 13　车站建筑（按车站与地面的相对位置分类）

②按车站运营性质，可分为中间站、区域站、换乘站、终点站、联运站和枢纽站。

③按车站结构横断面形式，可分为矩形断面、拱形断面、圆形断面和其他类型断面（如马蹄形、椭圆形等）。

④按车站站台形式，可分为岛式车站、侧式车站和岛侧混合式车站，如图 14 所示。

岛式车站的站台位于上、下行线路之间。这种形式具有站台面积利用率高、客流能灵活调剂、乘客使用方便、管理人员相对较少等优点，因此是一种常用的站台形式，常用于客流量较大、潮汐客流明显的车站。侧式车站的站台位于上、下行线路的两侧，这种形式应用也非常广泛，特别多地用于换乘车站和客流不大的高架车站。岛、侧混合式车站是将岛式车站和侧式车站同设在一个车站内，可同时在两侧站台上、下车，也可适应列车中途折返的要求。这种形式规模较大，随着城市轨道交通网络的形成，应用也越来越多。

（a）岛式车站

（b）侧式车站

图 14　车站站台分类（按站台形式分类）

⑤按车站布局与城市道路的关系，可分为路中车站和路侧车站，如图 15 所示。

路中车站的本体设置在城市干道上，不进入道路两侧的城市用地，是目前城市轨道交通车站中最为常见的形式。路侧车站设置在路侧的绿化带中或地块之内。

（a）路中高架车站

（b）路侧高架车站

图 15　车站站台分类（按车站布局与城市道路的关系分类）

2）车站建筑组成

地铁车站是乘客集散和乘降的场所，也是城市空间的重要组成部分。车站建筑一般由三站主体（站厅、站台、运营设备用房）和车站附属建筑（出入口、通道、风亭等）两部分组成。车站主体是列车在线路上的停车点，其作用是供乘客集散、候车、换乘及乘降。它又是轨道交通设备设置和集中进行运营、管理的地方。车站附属设施中，出入口及人行通道是提供乘客进出站，通风道及地面风亭等是为了保证舒适的地下环境，也是保证火灾排烟的必要设施。

车站建筑功能复杂、专业性强，一般由乘客使用空间、运营管理用房、技术设备用房、辅助用房几个部分组成。

（2）换乘

换乘点是线网架构中的各条线的交织点，是提供乘客转线换乘的重要地点。换乘点一般设置在大量客流集散中心和各类交通枢纽点上，同时与城市综合交通网络协调，成为交通换乘中心。

各种两线换乘车站的基本分类，可按客流组织方式分为站台直接换乘、站厅换乘和通道换乘；按站位关系，可分为“十”字形换乘、“T”形换乘、“L”形换乘、上下换乘；按车站站型，可分为岛岛换乘、侧岛换乘（侧式在上）、侧岛换乘（岛式在上）、侧侧换乘。

2. 地下结构

（1）地下车站

1）设计原则和技术标准

①结构设计应根据各车站不同的结构类型、工程水文地质、荷载特性、环境影响、施工工艺、建设周期等条件做深入细致的比较和研究。本着安全、经济、合理的要求，综合确定车站的结构形式，满足车站的使用要求。

②结构应满足建筑、限界、机电设备、人防等专业的技术要求，并适当考虑施工误差、测量误差、结构变形和后期沉降的影响。

③结构设计应分别按施工阶段和使用阶段，根据承载能力极限状态及正常使用极限状态的要求，进行承载力、稳定、变形、抗浮、裂缝宽度等方面的计算和验算。

④结构设计应满足施工、运营、城市规划、防火、抗震、人防、防水、防杂散电流的要求。结构设计应具有足够的耐久性，轨道交通工程设计使用年限为 100 年，安全等级为一级。

⑤结构按平战结合进行设计，要具有战时防护功能，在设防部位按 6 级人防荷载进行验算，并能设置相应的防护设施。

⑥结构设计应根据车站周边不同的环境条件（相邻轨道交通、重要地下管线、建筑物等），确定基坑变形的保护等级。

⑦对处于交通繁忙干道下、施工期间地面交通组织有特殊要求的车站，在结构实施方案中应充分考虑交通疏解的便捷性、可行性。

⑧对与规划中其他线路远期相交或换乘的近期车站设计，根据两工程的相互关系，采取结构预留等措施，以便远期车站施工。

2）车站主体结构方案

地下车站结构方案的选择，受到诸如沿线车站工程范围内工程水文地质、所处的环境、周边地面建筑、地下构筑物、河道及道路交通等多种控制因素的制约。因此，地下车站方案应因地制宜，在确保工程安全满足使用功能的前提下，综合考虑技术、经济、工期、环境影响等因素，合理选择地下车站结构的形式和施工方法。

地下车站以地下二层和地下三层两种形式为主，根据建筑平面布置，结构横剖面有双跨、三跨等框架结构形式。

采用地下墙作为围护结构的地下车站侧墙一般有单、双层两种形式。其中单层利用地下墙作永久侧墙，地下墙内预埋钢筋连接器与梁板相接形成整体框架结构共同承担使用阶段的各类荷载；双层结构则是在地下墙内侧浇筑钢筋混凝土内衬，地下墙与内衬墙形成叠合墙或复合墙，并与梁、板、柱组成现浇钢筋混凝土框架结构共同承担使用阶段的各类荷载。采用新型水泥土搅拌桩墙（SMW 工法）和钻孔灌注桩作围护结构时，一般只考虑现浇侧墙与内部结构承受使用荷载，不考虑围护结构作用。

（2）地下区间

根据沿线工程地质及水文地质条件、线路埋深、线路经过地区的环境条件，区间隧道的施工方法可分为明挖法和盾构法两大类。

1）明挖法区间隧道

明挖法暗埋段区间可采用单箱双室矩形结构、敞开段区间可采用槽形结构形式。

2）盾构法区间隧道

结构选型要根据建筑限界要求。

综合考虑工程地质、水文地质条件、结构受荷特点、构造要求、施工工艺、隧道的施工误差、不均匀沉降等因素，并参照地铁区间隧道设计、施工的经验，从技术、经济方面综合考虑，确定本线区间隧道采用盾构法装配式单层衬砌结构。

隧道内径的确定主要取决于限界（包括车辆限界、设备限界、受电弓限界、建筑限界等）要求，同时还要考虑施工误差、测量误差、设计拟合误差、不均匀沉降等因素。

3）地铁联络通道

联络通道是设置在两条地铁隧道之间的一条横向通道，起到乘客的安全疏散、隧道排水及防火、消防等作用。我国《地铁设计规范》GB 50157—2003 对地铁隧道的防火与疏散做出了强制性规定："两条单线区间隧道之间，当隧道连贯长度大于 600 m 时，应设联络通道，并在通道两端设双向开启的甲级防火门。"根据线路纵断面设计及区间隧道防、排水要求，在区间线路最低点处设置废水泵房。一般情况下，废水泵房与该处联络通道合建，即联络通道内设置废水泵房以及废水抽排和人员检修的管道、管道井。联络通道长度一般为 5 ～ 9 m，通道的出入口高程近似，仅在通道中部设置高点，满足排水要求。

3. 高架结构

（1）高架车站结构

城市地铁与轻轨工程中的“高架结构”包括车站之间的区间桥梁及高架车站。桥梁承受列车荷载，高架车站从功能而言是房屋建筑，但从受力而言，当行驶列车的轨道梁与车站其他建筑构件有联系时，车站结构的构件分成两大类，一类是受列车荷载影响较大的构件，如轨道梁及其支承结构，包括支承轨道梁的横梁、支承横梁的柱以及柱下基础等；另一类是受列车荷载影响小以致不受影响的一般建筑结构构件，如站台梁、一般纵梁等。

高架车站结构的设计思想是以满足建筑布置及使用要求为前提的，力求结构体量小，柱网间距大，使整个车站的外观显得较为通透、轻巧，并与周边环境较好地协调。

1）车站与桥梁结构形式关系

根据高架车站的建筑布置和受力特点，结构形式可分为“建桥合一”与“建桥分离”两种。

“建桥合一”是指轨道梁支承于车站结构或站台梁等车站结构支承于轨道梁桥上，从而形成的组合结构体系。这种形式的特点是，减少了车站内立柱、梁的数量，使得建筑布置灵活，能较好满足车站建筑功能的要求，改善乘车环境；车站结构断面尺寸合理，整体刚度好；可以有效降低车站总高度，节省投资。

“建桥分离”是指区间高架桥在车站范围内连续贯通，并与站台和站厅的梁、板、柱及基础完全脱开，各自形成独立受力的结构体系。这种形式的特点：车站内立柱、梁的数量较多，建筑布置受到限制；结构体系清晰合理，受力明确。

2）轨道梁形式

轨道梁的架设一般有简支和连续两种方式。在软土地基内，如采用连续梁易产生不均匀沉降，风险较大，同时基础的工程量必须增大。而简支梁结构简单，施工工艺成熟，对环境影响小，虽然上部结构较贵，但总体上简支梁更经济。

轨道梁采用“U”形梁，桥梁结构高度低，便于城市道路间立体交叉，压低线路标高，节约总投资，两侧主梁可兼起防噪屏及栏板作用，平滑的外轮廓减少了由主梁过渡到拦板的突兀感，精观效果比较新颖，主梁上缘可兼作疏散通道，截面空间利用率高。

（2）高架区间结构

城市高架轨道交通区间桥梁结构从结构形式上看与一般城市高架道路桥梁颇为相似，而从其功能和结构要求来说却类似于铁路桥梁，但总体而言城市高架轨道交通桥梁结构有其特殊性。城市轨道交通高架桥梁桥面铺设无缝线路无碴轨道结构，因而对结构的选择及上、下部结构的设计均有一定的特殊要求；其次，高架轨道桥梁一般位于城区或近郊区，对景观和环保等均有较高的要求。

①由于城市轨道高架桥采用无渣无枕轨道结构，高架轨道交通桥梁设计时必须考虑变形控制，主要包括主梁的徐变变形和基础的后期沉降控制。

②从景观、经济和施工技术等各方面综合考虑，区间标准梁的合理跨度以 25 ～ 30 m 为宜。

③城市轨道交通高架桥主梁结构，一般可选用简支梁或连续梁结构体系。简支梁结构简单，受力明确，易于形成工厂化和标准化施工；连续梁桥为超静定体系，其结构刚度大，变形小，有利于改善行车条件。高架轨道交通区间标准梁的结构形式重点可考虑采用预应力混凝土箱梁、预应力混凝土槽形梁等。箱梁结构外观简洁、适应性强，是国内广泛采用的高架结构形式之一，在区间直线段、曲线段、折返线等处均可采用；槽形梁为下承式梁，与上承式梁相比，其结构高度相对较低，且两侧的主梁（腹板）亦可起到良好的隔音效果。

④城市高架轨道交通标准区间桥梁施工主要有支架法现场浇筑、整跨预制安装、节段拼装等工艺方式。随着桥梁结构和架设工艺技术的发展，整跨预制架设、节段预制拼装等施工工艺正逐步成为城市高架轨道交通桥梁建设的主流。

⑤墩柱造型是营造城市轨道交通高架桥梁景观最为重要的手段。为了使墩和梁的造型与周围景观相协调，墩梁的外观和线型设计可通过造型、流线、色彩等加以实现。城市轨道交通高架桥梁墩柱多采用柱式、板式、T 形、Y 形等形式多样的独柱墩形式。

⑥城市高架轨道交通桥梁基础设计应充分结合相应地区的土质状况和特点，基础应尽量采用桩基础，可选用的桩基础形式包括预应力高强度混凝土管桩（PHC 管桩）、钻孔灌注桩等。无论采用何种形式的桩基础，均应充分考虑到高架轨道交通桥梁基础的变形控制，确定合理的持力层，必要时可增加桩长和桩的数量。

4. 轨道工程

轨道是由钢轨、扣件、轨枕、道床、道岔及其他附属设施等组成的。轨道是地铁和轻轨运营设备的基础，它直接承受列车荷载，并引导列车运行。轨道以连接件和扣件固定在轨枕上，轨枕埋设在道床内，道床直接铺设在路基上。轨道承受列车传递的复杂多变的静、动力荷载，通过力学分析及试验研究，可以计算出轨道各组成部分产生的应力及变形，从而确定其承载能力及稳定性。城市轨道交通由于行车密度大，因而要求运营安全平稳，舒适度好，并能减少维修和养护。

（四）机电工程

1. 通信系统

通信系统应安全可靠。在正常情况下，通信系统应为运营管理、行车指挥、设备监控、防灾报警车进行语音、数据、图像等信息的传送，在非正常或紧急情况下，应能作为抢险救灾的通信手段。地铁通信系统由传输系统、公务电话系统、专用电话系统、无线通信系统、广播系统、时钟系统、闭路电视监视系统、电源及接地系统等。不同城市的地铁建设应结合不同时期的通信技术发展、企业运营需要和当地的经济条件，选择设置不同水平的通信系统。

2. 信号系统

城市轨道交通信号系统是保证列车运行安全，实现行车指挥和列车运行现代化，提高运输效率的关键系统。城市轨道交通信号系统通常包括轨道交通信号设备、联锁设备和闭塞设备三部分，是由各类信号显示、轨道电路、道岔转辙装置等主题设备及其他有关附属设施构成的一个完整的体系。信号设备是列车运行的指挥命令；联锁设备保障轨道交通车站（包括车辆基地）列车运行的安全；闭塞设备则是保证区间内列车运行安全的专门装置。轨道交通信号是现代信息技术的重要领域，列车运行控制与行车调度指挥自动化是轨道交通信号发展的关键性技术。

3. 门禁系统

门禁系统指的是管制非特定人员进出某通道所使用的软硬件系统。地铁门禁系统是以车站为单位，由车站控制室的车站级门禁系统工作站对车站内设备房门禁设备进行统一管理。各车站的车站门禁系统管理工作站通过光纤通信网络将各站点的数据信息上传至中央级门禁系统。中央级门禁系统统一管理全线门禁系统。

4. 通风空调系统

通风空调系统是采用人工的方法，创造和维持满足一定要求的空气环境，包括空气的温度、湿度、流动速度和空气质量。位于地下的地铁地下线路是一座狭长的地下建筑，除各站出入口和通风道口与大气沟通以外，可以认为地铁基本上是与大气隔绝的。列车运行、设备运转和乘客等会散发出大量的热量，若不及时排除，地铁内部的空气温度就会升高，同时，地铁周围土壤通过围护结构的渗湿量也较大，若不加以排除，地铁地下线路内部的空气湿度会增大，这些都会使得乘客无法忍受。因此，必须设置通风或空调系统，对地铁地下线路内部的空气温度、空气湿度、气流速度和空气质量等空气环境因素进行控制。地面车站和高架车站虽然与大气连通渠道较多，但由于车站设备及管理用房内的人员和设备运转都对周围的空气环境存在相应的要求，需要采用通风、空调或供暖系统来予以满足。

通风空调系统主要有风系统、车站空调水系统和集中供冷系统。风系统指空调、通风系统，包括空调机、风机、风阀与风管路（风道）设备，可分为隧道通风系统、空调大系统和空调小系统。车站空调水系统是指为供给车站大、小空调系统用水所设置的制冷系统，由冷水机组、水泵、冷却塔、水阀与管理等设备组成。集中供冷系统是指相邻 3 ～ 5 个车站的空调用冷冻水汇集到某一处集中处理。

5. 火灾报警系统

火灾报警系统（简称 FAS）工程范围包括全线各车站、主变电所（包括连接邻近车站的电缆通道）、区间风井、停车场等。火灾报警系统由火灾报警控制器、火灾探测设备、联动控制设备以及专设的通信网络设备组成。

车站的非敞开公共区、走廊、设备机房、控制中心、办公室、控制室、检修用房等处设置火灾报警探测器和手动报警按钮，地面和高架车站的敞开公共区设置手动报警按钮，地下区间隧道设置手动报警按钮，停车库、检修库设置对射式红外探测器或空气采样系统。电缆夹层设置感温电缆。火灾报警探测器主要选用智能型产品。

6. 自动售检票系统

轨道交通自动售检票系统（以下简称 AFC 系统）是利用计算机技术、网络通信技术、电子付费技术等高新技术，进行计时、计程的自动售票和检票，从而替代传统的纸票售检票方式，并实现轨道交通运营的信息化。

7. 供电与照明系统

保证城市轨道交通正常运行的供电系统，包括外部电源、主变电所、中压网络、牵引供电系统、牵引网、变配电系统、电力监控系统和杂散电流防护等。供电系统应可靠地为整个轨道交通系统的牵引及动力照明负荷提供电能。

变电所按用途分类，可分为给牵引负荷提供直流电的牵引变电所和为车站及区间动力照明负荷提供交流电源的降压变电所。供电系统由电力公司引入外电源，通过中压环网配电保证各变电所均由两回互为备用的独立电源供电。

车站动力照明设计，包括车站的低压电缆敷设（自车站降压变电所 400 V 出线）、车站动力设备的配电及控制设计、车站照明设计、动力与照明设备选型、低压电缆选型与敷设、车站防雷接地等内容。车站照明由站厅、站台公共区照明、设备管理房照明、导向照明、应急照明（包括备用照明和疏散照明）、出入口照明、安全电压照明（包括变电所电缆夹层照明和站台板下照明）、广告照明和区间照明组成。

8. 屏蔽门与安全门

站台屏蔽门/安全门系统是一个集建筑、机械、电子、信号、控制、装饰等学科于一体的综合性门系统，设置于城市轨道交通车站站台的边缘。该门系统在整个站台长度上将站台区域与轨道区域分隔开来。列车进出站，门系统随着列车车门的开闭而自动同步开闭。站台门系统的型式主要有屏蔽门、安全门两种。

9. 给排水与消防系统

给排水系统主要包括全线车站的生产、生活给水系统、排水系统、消防系统（包括水消防系统、气体灭火系统和灭火器设置）；全线区间的排水系统、消防系统。

城市轨道交通消防系统一般均包括消防报警系统、水消防系统、自动喷水灭火系统、化学灭火系统等，采用以水灭火为主，化学灭火为辅的原则。化学灭火系统，如气体灭火系统一般用于地下变电所的重要设备间、车站通信及信号机房、车站控制室、控制中心的重要设备间和发电机房等。

10. 环境与设备监控系统

环境与设备监控系统（以下简称 BAS 系统）是对地铁建筑物内的环境与空气条件、通风、给排水、照明、乘客导向、自动扶梯及电梯、屏蔽门、防淹门等建筑设备和系统进行集中监视、控制和管理的系统。

BAS 系统采用控制中心、车站二级管理和控制中心、车站、现场三级控制的模式，按功能分散、信息集中的原则，采用分层分布式结构，以车站控制为基本单位。

11. 垂直电梯与自动扶梯

对于地铁车站，在地面出入口和站厅层之间、站厅层和站台层之间设置自动扶梯和垂直电梯，可以尽可能地方便乘客利用现代化的地铁系统，同时也提高了车站的运营效率和增加了乘客的舒适度。垂直电梯的主要功能是解决残疾人、老年人和车站工作人员升降以及物件运输的需要。

（五）车辆基地

车辆基地的一般要求为：①为满足地铁工程的运营和车辆及设备的维修保养和检修，设车辆段与综合基地；②车辆段与综合基地的功能应根据城市地铁线路的规划和线网中车辆与综合基地的分布及既有设施综合分析确定，避免重复建设。车辆段与综合基地包括车辆段、物资总库、房屋建筑、通风空调、电力工程、综合维修中心、给排水及消防。

1. 车辆段

①车辆段的设计应以车辆技术参数和材料为依据。

②车辆段的规模应根据配属列车数量、车辆年走行千里、车辆修程、检修周期和停修时间等主要资料计算设定。

③车辆检修修程、检修周期和停修时间应根据车辆的技术标准和质量情况，并结合车辆运用环境、线路条件、人员管理水平、技术水平等因素综合分析确定，有条件时由车辆供货商提出，作为设计依据。

④车辆段的功能和任务应根据工程的具体情况，充分考虑路网规划中车辆检修运用设施的分布和既有线路车辆检修运用设备功能和规模确定。

⑤车辆的检修宜采用部件互换工艺，以缩短车辆检修库停时间。

⑥车辆检修的方式宜采用定位作业，部分部件可根据需要采用流水作业方式。

⑦车辆段规模的计量单位宜按照列位或单元计算。

⑧车辆段应根据作业需要设出入段线、洗车线、试车线和各种库线，以及牵出线、调头线、存车线、走行线等。

⑨为满足车辆的日常维修、保养、试验和定期检修的要求，车辆段应设相应的生产房屋，包括运用生产房屋、检修生产房屋及其他生产房屋，此外还应有车辆段综合办公楼、行车公寓、食堂、浴室、门卫等办公及公共生活设施。

2. 物资总库

为满足地铁工程各单位所需机电设备、机具、材料、劳保用品等的采购，以及储存和发放的管理，应设物资总库。物资总库宜根据总布置的情况设于车辆段用地范围内的适当位置。

3. 房屋建筑

车辆段与综合基地的房屋应满足生产的使用要求，充分考虑所在地区的建筑特点及规划的有关要求；并考虑地区的气候特点，采取适当的防雨、防风、防沙措施。房屋布置应力求分区明确、布局紧凑、联系简洁，做到节约用地，并宜注意朝向。

4. 通风空调

车辆段与综合基地内的生产、生活、办公房屋应根据当地的气候条件和生产、生活的需要设置通风、空调、采暖及防、排烟系统。

5. 电力工程

车辆段与综合基地电力工程包括变配电所、动力供电、室内外照明和地区低压线路，设计应满足所有动力照明设备用电要求。

6. 综合维修中心

综合维修中心为地铁供电、通信、信号、自动化设施、机电、工务和建筑等的维修和管理单位，应满足下列功能要求。

①承担全线的轨道、路基和地面线路防护等工务设施的维修和养护任务。

②承担全线地下隧道建筑、桥梁、涵洞和各种房屋建筑及室内附属设施、道路、车站装修，以及各种旅客引导设施的修缮和维护等任务。

③承担全线通信、信号设备和车上广播设备等的维修任务。

④承担全线变电所、高中低压电气线路及接触网（接触轨）的维护和检修任务。

⑤承担全线通风空调设备、屏蔽门、防淹门、水泵、电机、自动扶梯、电梯等各种机电设备和各种小型运输车辆的维修保养和检修任务。

⑥承担全线电力自动化系统（EMCS）、FAS、AFC 等各种自动化设备的维修和保养任务。

7. 给排水及消防

车辆段与综合基地给水及消防应包括生产、生活和消防给水系统及气体灭火系统。排水系统由生产废水和生活污水系统组成。给水工程设施要安全可靠，保证各用水点对水量、水质和水压的不同要求。排水系统工程应能及时达标排出车辆段内各车间和办公生活房屋所产生的废（污）水，各类排水管道应便于清通。车辆段与综合基地应有完善的水消防系统，并根据设备的要求设置必要的气体灭火设备，以便迅速有效地扑灭各类火灾。

二、现代有轨电车设计

（一）现代有轨电车工程构成

现代有轨电车工程是以车辆及供电方式为主的系统工程，一般由土建工程、机电工程与车辆基地组成。

土建工程包括轨道、路基、桥梁、车站、道路交通及附属、绿化、铺装等。机电工程包括供电、牵引网、运营控制管理系统、通信、调度中心、智能交通、给排水及消防等。

车辆基地是为有轨电车的运营和车辆及设备提供维修保养和检修，分为车辆段、定修段和停车场。车辆基地工程包括站场、工艺设备、轨道、路基、房屋建筑、建筑弱电、暖通、给排水及消防、电气等。

（二）车辆选型及供电方式

1. 车辆型式

现代有轨电车车辆型式按走行部形式可分为钢轮钢轨有轨电车和胶轮导轨有轨电车。钢轮钢轨有轨电车的走行部即转向架，主要由车轮、构架、轴箱、悬挂、牵引部件等组成；车体重量通过转向架上的轮对传递到轨道上，转向架起到承重、驱动和导向的作用。胶轮导轨有轨电车的走行部主要由橡胶轮、构架、悬挂、导向轮等组成，橡胶轮走行于普通路面上，起承重和驱动作用，导向轮与道路上敷设的导向轨配合，起导向作用。车辆的主要参数如表7所示。

表7　现代有轨电车车辆基本参数

名　称	参　数	名　称	参　数
最高运行速度（km/h）	70 ～ 80	车辆高度（m）	≤ 3.7
车辆基本长度（m）	32 ～ 45	车门入口处高度（mm）	≤ 350
车辆宽度（m）	2.65/2.40/2.20	轴重（t）	≤ 12.5

2. 供电方式

现代有轨电车车辆的供电方式分为接触网供电系统、地面供电系统和车载储能式供电系统。其中，接触网系统最为成熟，是现代有轨电车常用的供电方式。

地面供电系统是指通过车底的集电靴与地面轨接触供电。目前，国际上仅有两家车辆厂商拥有这项技术，即阿尔斯通的分段第三轨供电 APS 系统和安塞尔多的创威地面供电轨供电技术。其中，APS 在法国波尔多有近 10 年的运营经验。创威地面供电轨供电技术在意大利的那不勒斯和中国的珠海有应用项目。

车载储能式供电系统是指车辆通过车载的超级电容、电池等介质直接对牵引系统供电，在车站通过充电设备进行间断充电。

（三）线路设计

1. 横断面设计

现代有轨电车的横断面设计需要考虑因素有路权、线路所敷设的道路横断面与交叉口形式、站位及站型、限界、用于有轨电车的强弱电管廊、接触网立杆以及其他固定设施和市政管线等。横断面设计是线路设计的重要内容，其布置方案直接影响现代有轨电车的运营效益、社会效益以及城市景观。

（1）路权形式

按照与其他交通方式的相交程度，路权形式分为三种。

1）独立路权

独立路权指不与任何其他交通工具或行人共享交叉口。独立路权能够保证有轨电车在路段上高速、安全地运行。

2）专用路权

专用路权指路段上以实体隔离方式（路缘石、栅栏、高低差等）与其他交通方式隔离，在交叉口与道路交通平交，通过交叉口管理控制实现安全运行。

3）混合路权

混合路权指与其他交通方式或行人混行。按照混行交通方式不同分为与社会车混行、与公交车混行和与行人混行。现代有轨电车通常采用专用路权和混合路权。

（2）断面布置形式

断面布置形式分为路中布局、路侧布局和两侧布局。

路中布局形式是有轨电车双线集中敷设于道路中央，机动车及非机动车道布设于有轨电车两侧。路中布置对于现代有轨电车的运行效率最为适合，是大多数线路的布置方式。

路侧布局形式是有轨电车双线集中布设于道路一侧的非机动车道上。

站台设置于人行道上和机非分隔带上，非机动车道设在道路最外侧。路侧布置对沿线出入口和交叉口影响较大，需根据线路情况因地制宜。

两侧布局形式是有轨电车双线分设于道路两侧的非机动车道上，站台设置于人行道上，非机动车道设在道路最外侧，或者根据线路走向，仅一侧布置一个方向的线路。

2. 平面与纵断面设计

现代有轨电车的线路平面与纵断面设计应考虑以下因素：①车辆的技术参

数及限界；②线路所敷设的横断面与交叉口渠化方案；③站位及站型；④接触网立杆以及其他固定设施；⑤架设或者地下埋设的管线位置与形式；⑥行人过街通道；⑦道岔位置及形式；⑧车辆基地的位置及接轨形式等。

（四）车站设计

车站是乘客集散和乘降的场所。有轨电车的车站主要特征有：以无站厅地面站为主；与城市景观结合更紧密；车站规模和车辆与客流规模有关；更加注重城市无障碍功能。

1. 车站分类

有轨电车的车站类型既包括地铁车站常用的标准岛式站台、分离岛式站台、标准侧式站台、分离侧式站台、混合式车站。

（1）标准岛式站台

标准岛式站台广泛用于路段中和交叉口处。一般来说，这类站台两侧轨道列车行驶方向相反，乘客换乘方便。不过，岛式站台不适用于大客流或者位置较复杂的地方，大客流处设置岛式站台会导致站台过度拥挤。岛式车站一般宽度为 3 ～ 5 m。

（2）分离岛式站台

分离岛式站台也被称为“长岛式车站”。这种站台常常是由特殊的设站条件造成的。长岛式站台宽度与侧式车站相同，长度则是一般侧式车站两倍，不同方向的车辆停靠在车站不同位置，有时候采用分离式，两个站台以通道相连。这种形式更有利于不同方向客流的换乘。

（3）标准侧式站台

标准侧式站台，站台对称位于线路的两侧，因此需要占用大量的道路宽度，主要用在路段中央设站的情况。实际应用中，这种形式一般设在有轨电车专用路，线路两侧为人行道与站台接通。若设置在道路一侧，则会对地块造成一定影响，应结合路边绿带设置而不宜单独设置。每个站台宽度一般为 2 ～ 3.5 m。

（4）分离侧式站台

分离侧式站台，即由两个侧式站台组合而成的车站。一般位于交叉口处，不同方向线路的站台位于交叉口两侧。不对称的车站在交叉口处只需要多占一个进口宽度，便于交叉口的改造，也便于交叉口信号的控制。

（5）混合式车站

混合式车站，结合实际情况，也可以采用岛式和侧式混合的情况，即采用混合式站台形式。该站台形式上下行一边右开门，一边左开门，往往用于设置空间有限，同时客流来源主要在一侧的情况。

2. 设计原则

现代有轨电车车站的设计应从以下几个方面来考虑。

（1）地面交通组织

运力大、速度快和专有路权是现代有轨电车效率的保证。作为乘客的乘降区域，车站设计应与这一特点相匹配，因此客流组织是车站设计的重点。地面交通主要指乘客如何快捷、安全地到达和离开车站。比如，首末车站应将进站客流和出站客流分隔开；设于路中的车站，当采用站台端部一侧作为乘客主要出入口时，出入口至路口或人行横道边缘应留有一定的缓冲距离等。对于不能通过地面直接到达的车站，还需要设置天桥或地道与站台连接。这些设施应兼顾过街功能，在规模计算时应予以充分考虑。

（2）乘客安全防护

乘客的安全防护是车站设计最基本的要求。由于现代有轨电车速度较快，且不设站厅，与城市公共区域直接相接，因此要特别注意自身的安全防护功能。这包含三方面内容：一是自身区域的限定；二是保证乘客乘降安全；三是安全提示。少数城市在站台边缘设置安全门或栏杆。

（3）车站服务设施

车站服务设施与公交站台相似，一般不在站台设置繁多的设备或管理用房。但是由于现代有轨电车自身的要求和与城市设计结合紧密的特点，有轨电车站台设施常常别具一格。车站服务设施一般分为信息设施、便利设施、安全设施、运营设施等几大类。对于信息设施，站牌往往具有自身的特色，线路图是许多城市有轨电车站台所必须配置的，电子信息系统也比较常见。便利设施则种类繁多，如候车亭、座椅、靠椅、垃圾箱、饮水机、自行车存放站、无障碍坡道等。安全设施主要指监控、照明、紧急呼叫、公共广播等设施；运营设施包含广告、售卖机、厕所和艺术品等。以上这些除了少数项目是必需的以外，其他应该根据当地的要求和周边环境情况来组合设置。

（4）车站与公共艺术

现代有轨电车除了要满足它作为一种公共交通工具所具备的快速、安全、便宜、便捷的要求，还应发挥它在人本关怀和文化传播等城市精神文明领域建设的作用。

（五）路基工程

路基作为轨道基础，其强度、刚度、稳定性以及在运营条件下使线路轨道参数保持在允许的标准范围之内，是确保列车安全、舒适、平顺运行的前提条件。

1. 有轨电车基床结构

有轨电车基床分为基床表层和基床底层。其中受列车动荷载作用强、又可受水和气温作用而影响土的一性质的区域被称为基床表层。基床表层以下部位被称为基床底层。基床与整体道床板之间一般设置 200~300 mm 支承层。其中支承层可采用素混凝土，基床表层可采用水泥稳定碎石，基床底层可采用 A、B 类填料。

基床结构弹性模量和变形模量梯度自上而下递减，结构刚度布置形式与动荷载随深度的衰减趋势基本一致，一方面可以使轮、轨相互作用产生的高应力通过刚度很大的混凝土道床板迅速扩散、下降，使路基结构单元不至承受过大荷载以致破坏其骨架产生附加变形；另一方面，这样的结构布置使得不同高度路基材料性能和质量要求与动荷载衰减匹配，从而达到经济合理的设计目的。

2. 在既有道路上修建有轨电车路基

在既有道路上修建有轨电车应对原地基换填深度进行计算。原地基的换填深度的大小直接影响到道路路面开挖和修复的范围，对工程造价产生直接影响。因此在既有道路上修建有轨电车应充分考虑利用原地基的承载性能以及其作为原状土作为基床的可行性，避免工程浪费。

换填深度设计理论采用武切蒂奇提出的临界体积应变法，分析时考虑应变状态对弹性模量的影响。该方法也是高速铁路路基基床结构分析及设计采用的方法。武切蒂奇认为，当动应变小于临界体积效应应变时，土介质不会发生累积效应，临界体积效应应变平均约与模量比 0.65 对应。由于路基基床中的应变是逐渐减小的，而且路基基床允许工作在一定的强化状态，因此对于良好路基，平均而言，基床底层的应变平均不应超过模量比 0.65 对应的应变。

地基土、基床底层的工作模量可通过 K30 试验确定，也可通过剪切波速现场实测指标确定。

3. 在软土地区修建有轨电车路基工程

有轨电车采用整体道床轨道结构，对工后沉降要求严格，因此在软土地区修建有轨电车需采取相应的地基处理措施。地基处理的目的是提高地基承载力，减少地基沉降（或工后沉降）。当天然地基不能满足构筑物稳定或变形控制要求时，就要对天然地基进行处理。由各种地基处理方法获得的人工地基可以分为两类。一类是对天然地基土体进行土质改良，如预压（排水固结）法、强夯法、原位压实法、换填法等。另一类是形成复合地基，它可以由人工增强体与天然地基土体形成，如水泥土复合地基；也可以由扦入（包括置换）的材料与天然地基土体形成，如低强度桩复合地基法、树根桩复合地基；又可以由扦入的材料与得到的改良（挤密）的天然土体形成，如振冲挤密碎石桩复合地基；还可设置水平向增强体（铺设加筋材料）形成复合地基。近年来，国内外学者在进一步研究竖向增强体和水平向增强体特点的基础上，为充分发挥桩间土的承载能力，提出了桩网复合结构或桩网复合地基结构，建立相应的理论并应用于工程实践，取得了较好的效果。要选择符合要求且最经济的地基处理方法，必须深入研究并考虑地基性状、控制标准、对环境的影响等因素。

（六）轨道工程

有轨电车的轨道工程设计包括钢轨、扣件、道岔、柔性材料、铺装层、道床及附属设施设计。

1. 钢　轨

槽型轨在钢轨上实现了轮缘槽的设置，可最大限度地实现绿化和铺面面积，取得良好的景观效果；用于混行道时，轨道与行车路面有较好的衔接，改善了机动车的行车条件；在小半径地段，起到护轨的作用，简化了轨道结构，加快施工速度。

2. 扣　件

有轨电车结构一般采用弹性扣件，轨道交通中常采用传统的有枕式扣件，但在有轨电车系统的埋入式结构中采用无枕式扣件，可减少零部件，简化施工工序，降低轨道工程造价，同时减少后期维护工作。

3. 道　岔

有轨电车的道岔选型应根据车辆的运行条件、线路的折返能力、便于养护维修及节约用地的原则，尽可能选用小号码标准化产品。正线、辅助线和试车线应采用不小于 6 号的各类道岔，车场线咽喉区应采用不大于 3 号的各类道岔。

为提高有轨电车线网的运营效率，在有轨电车的线路设计中会大量采用菱形交叉等线路平面相交的形式，以预留换乘条件，并节约工程用地。

4. 柔性材料

柔性材料的填充不仅起到传统的减振降噪的作用，还起到保护路面结构、绿化道床绝缘性及提高乘客舒适性的作用，国内外新建线路均全线铺设柔性材料。

针对有轨电车绝缘及其与路面的整体一致性，以及乘客的安全舒适性考虑，有轨电车一般会全线使用柔性材料包裹钢轨来进行绝缘、减振及与路面一体化设计。

5. 铺装层

有轨电车的轨道铺装层一般会根据景观及功能的设计要求，进行绿化或采用砖铺面。交叉口等混行路段或预留混行路段表面需采用沥青混凝土等进行平整及硬化处理，因此轨道结构基本采用埋入式整体道床的形式。

（七）机电工程

机电工程包括供电及牵引网、给排水及消防、运营控制管理系统等。

1. 供电及牵引网

供电系统一般采用分散供电方式，电压等级为 10 kV。牵引供电电压为直流 750 V，牵引供电系统采用接触网、地面供电或者车载储能式系统授电。

2. 给排水及消防

给排水设计应贯彻“综合利用，节约用水”的原则；消防设计应贯彻“预防为主，防消结合”的方针。

给排水管道均不得穿越变电所、配电间、通信机房、信号机房、控制室等电气设备用房，并应避免在配电柜上方通过。给水、排水管道当穿越伸缩缝、沉降缝、变形缝时，应采取相应的技术措施。

给排水设备的选型应采用技术先进、安全可靠、节水节能、经济合理并经过实践运营考验的产品，规格尽可能统一，便于安装和维修，并尽可能按自动化管理设计。

3. 运营控制管理系统

运营控制管理系统包括正线道岔控制设备、路口信号灯设备、车辆自动定位系统和车辆段计算机连锁系统。通常在交叉口采用与城市道路交通系统融合的信号优先的原则。

调度中心负责车辆进出线路调度，排列列车折返进路，监视在线列车的运行位置。驾驶员按照排好的进路人工驾驶列车，尽量按照运行时刻表控制运行。道口信号和道路信号系统由交警部门控制。

第三节 绿色理念下的市政轨道交通工程施工技术

一、地铁与轻轨的土建结构施工

（一）车站施工

地下车站的施工方法受到工程地质、水文地质条件以及所处环境、地面建筑物、地下建筑物、河道交通、道路交通等因素的影响和制约，结构形式和施工方法的选择不仅要满足三轨道交通工程本身的使用功能，同时也要满足合理开发利用地上、地下有效空间的要求，并考虑由于施工给周围环境带来的不良影响。对应不同的施工方法，结构形式往往不同。地下车站工程常用的施工方法有明挖法、盖挖法和暗挖法。

1. 明挖法

明挖法是先从地表向下开挖基坑至设计标高（必要时先做基坑围护结构或实施降水），然后在基坑内的预定位置由下向上浇筑主体与内部结构，然后回填土方并恢复路面。明挖法一般适用于地面有条件敞口开挖，且有足够施工场地的情况，施工允许暂时中断交通或结合地面拆迁及道路拓宽，使地面交通客流得以疏散时，就有可能采取明挖法施工。在浅埋土体中，明挖法是推荐施工方法，应用最广泛。

2. 盖挖法

当车站位于现状道路或跨越路口，且处于比较繁华而狭窄的街道中，无明挖条件，但允许短时间中断交通或局部交通改移时，可采用盖挖法施工。盖挖法一般可分为盖挖顺筑法及盖挖逆筑法两种。

3. 暗挖法

在地面无条件明挖或盖挖的情况下，可采用暗挖法。暗挖法施工全部作业均在地下进行，因此对地面交通和人员出行影响较小，但在浅埋条件下，特别是在高水位的软土地层施工难度大，工期较长，造价较高。

暗挖施工常用的开挖方法有中隔壁法（CD 工法）、交叉中隔壁法（CRD 工法）、洞桩法、侧洞法、柱洞法、管幕法等。

（1）中隔壁法

中隔壁法是指在软弱围岩大跨度隧道中，先分步开挖隧道的一侧，并施作中隔壁，然后再分步开挖另一侧的施工方法。可适应于Ⅳ～Ⅴ级围岩的浅埋双线隧道。

（2）交叉中隔壁法

利用CRD工法由上至下分步开挖中洞，形成初期支护，在中洞内施做梁、柱及二衬结构，形成竖向强支护；然后由上至下分步开挖两侧洞，形成初期支护，逐段拆除中隔壁，施作二次衬砌，完成车站主体结构。

（3）洞桩法

洞桩法又称PBA工法，它是指在暗挖小导洞中施作桩（P）、梁（B），形成主要传力结构，暗挖形成支承在两个梁之间的拱部（A），类似于盖挖法的顶盖，在其保护下进行基坑开挖、初砌和内部结构混凝土的浇筑作业。

（4）侧洞法

侧洞法是指先开挖两侧部分（侧洞），在侧洞内做梁、柱结构，然后再开挖中间部分（中洞），并逐渐将中洞顶部荷载通过侧洞初期支护转移到梁、柱上。

（5）柱洞法

柱洞法是指在立柱位置施作一个小导洞，在导洞内做底梁、立柱和顶梁，形成一个细而高的纵向结构。

（6）管幕法

管幕法是指利用微型顶管技术在拟建的地下建筑四周或三边顶入钢管或其他材质的管子，钢管之间采用锁口连接并注入防水材料，形成水密性地下空间，然后在管幕的保护下，对管幕内土体加固处理后，边开挖边支撑，直至管幕段开挖贯通，再浇筑主体结构；或者在两侧工作井内现浇箱涵，然后边开挖土体边牵引对拉箱涵。

（二）地铁区间隧道施工

供地铁行进的隧道有多种多样的施工方法，常见的有明挖法、钻爆法和盾构法等。而盾构法施工又主要可分为土压平衡盾构和泥水平衡盾构。由于城市中修建地铁线路经常需要穿越繁华的市中心，对环境保护以及周边建构筑物保护的要求都很高。盾构法凭借其机械自动化程度高、建设速度快、地下施工控制精度高等优势被越来越多地应用于城市地铁建设中。为进一步减少盾构施工时对周边环境的影响，近年来一种新的无工作井盾构法施工技术应运而生。与传统的盾构工法相比，这种新技术不需要修建工作井或者只需要一个工作井，可减少工程量，节省投资，对周边的环境影响也较小，其核心理念源自日本的URUP工法（即急速下穿法），该项技术近些年在日本得到了快速的研究和应用。上海城建集团借鉴该项技术核心理念首次在国内提出了地面出入式盾构法隧道新技术（GPST），且在南京BT项目机场线进行无工作井盾构法示范工程应用。

（三）地铁隧道联络通道施工

地铁隧道的联络通道施工是隧道施工中风险极大的环节，随着轨道交通快速发展，地铁联络通道施工中遇到各种不良地层的情况越来越多。因此，施工前应考虑周边环境、地质状况、施工工法、操作工艺、组织管理等因素，通过多方案的比较、优化，找到合适的施工方法及技术措施，确保施工顺利进行，满足设计及规范要求。下面介绍几种主要的联络通道施工方法。

1. 冻结法

冻结法加固地层的原理，是指利用人工制冷的方法，将低温冷媒送入地层，把要开挖体周围的地层冻结成封闭的连续冻土墙，以抵抗土压力，并隔绝地下水与开挖体之间的联系，然后在这封闭的连续冻土墙的保护下，进行开挖和做永久支护的一种地层特殊加固方法。冻结法适用于各类地层，尤其适合在城市地下管线密布施工条件困难地段的施工。

2. 地面加固法

地面加固法是指在场地地面环境允许的情况下，采用深层搅拌桩或旋喷桩从地面对联络通道周围地层进行加固。在地面对联络通道区域的一定范围进行预加固处理，使得原来固定性较差的软弱地层成为整体稳定性较好、透水性差的加固体，奠定后续盾构机通过该区域及安全开挖施工的基础，并将施工对周围地层的影响减到最小，避免因施工引起的地层扰动导致地面大范围的不均匀沉降。该法较成熟，加固效果易保证，费用也相对较低。地面加固法对施工场地要求高，需要较大的施工面积，对周边环境影响较大。

3. 超前小导管法

超前小导管法在联络通道施工的基本原理是，沿联络通道开挖面周边按一定外插角将小导管向前打（钻、压）入地层中，借助注浆泵的压力使浆液通过小导管渗入、扩散到岩层孔隙或裂隙中，以改善岩体的物理力学性能。沿开挖面周围形成一个加固的壳——地层自承拱，有效地限制岩层松弛变形，从而达到了提高开挖面岩层自稳能力和延长岩层自稳的目的。超前小导管法适用于处于无黏结、自稳能力差的砂层及沙砾（卵）石层。

二、绿色理念下的轨道交通施工技术要求

地铁和轻轨的施工特点是施工周期长、施工范围大、路线长、土木工程量多、涉及面广。近年来，随着科技的发展、建筑机械的改进和设计方法的创新，地铁轻轨的综合施工水平有很大提高，但挖掘、打桩、弃土、回填等一系列施工作业，仍不可避免地会给现有交通、街道、建筑、管道、河流、

树木以及市民的日常生活带来影响。所以从必须从设计、施工方法与组织管理上综合考虑施工期的环境保护问题。

（一）施工泥浆要换代

城市快速轨道交通有大量的桩、墙施工。施工时要用泥浆稳定钻掘壁面。目前，国内多采用膨润土（皂土）泥浆，随着科技材料的发展，国外都已逐渐采用高分子聚合物材料——聚丙烯酰胺超泥浆稳定液。这种液体是一种高浓缩性白色乳液，与水拌合后即产生膨胀作用，以提高水的黏滞度，在钻掘壁面形成一层富有韧性的胶质薄膜，防止钻掘平面崩塌，达到稳定孔洞与沟槽之目的。这种超泥浆易于拌合，无粉尘污染，不需泥浆搅拌池、沉淀池，能促使悬浮泥沙产生凝絮，加速沉淀，并可多次循环使用。它突出的优点是无毒性、无污染，不影响环境生态。完工时的废液处理，仅需按水量 1/750 ～ 1/500 比例添加硫酸铝（明矾），充分搅拌后，水中酸碱值中和至 6.0. ～ 8.0，超泥浆的高分子链就会断解、卷曲失效，稍置后即可排于下水道。

上海地铁明珠线二期工程浦东南路地下连续墙施工，以及北京一些水利工程连续墙施工和市内道路、立交桥旋挖桩施工都已有采用超泥浆的案例。膨润土这种材料退出作护壁泥浆之后，可以在工厂生产膨润土防水板材，在日、韩地铁和北京 5 号线路和其他地下工程中已经采用。

（二）限制废气的排放

在地下铁道运行时，隧道内要进行环控（通风与空调）设计，创造出适宜的人工气候环境。车站和区间均设风亭，风亭取风口高度距离地面 2 ～ 5 m，排风口与取风口建于同一风亭，排风口应高于取风口 5 m，排风口排出废气方向，不应向着任何敏感的受纳体。为防止排出的废气再次进入地铁内，风亭距出入口不宜太近，应大于 20 m。尽可能利用处于上风口的风井输入外部空气，处于下风口的风井排出地铁的废气。

（三）选择合理的施工方法

一般说，地铁暗挖法施工比明挖法施工对环境影响较小，根据地质情况和土壤加固改良的方法，线路区间和车站均可采用矿山法施工。盾构法修建区间隧道也越来越普遍，暗挖法可能引起变形和地表沉降或隆起，设计与施工时都要有详细计算与监测，应实施控制性注浆和盾构隧道信息化施工远程控制与管理，防止土体过量变形造成对已有建筑和路面的破坏。

明挖法施工要从噪声控制、减少扬尘、废水废物处理几个方面减少对环境的影响。

地铁开挖和降水排水对环境引起一些负面影响，如引起地面沉降几十毫米；引起地面建筑物和地下管线的变形，甚至损伤破坏；引起地下水动态变化，影响生态平衡。对此都要进行地铁施工整体环境评估，要全面的分析。目前国内桩基施工技术大有发展，广州地铁一期、二期工程，深圳地铁一期工程都采用了桩基托换技术，上面建筑有几十层，地铁从基础下通过，盾构通过开挖时，桩基被切断，整个建筑骨架受力引起变化，如果控制不当，就会造成应力失衡，引起建筑物沉降、开裂、倾斜。在这种情况下，对建筑物是托还是拆，必须全面分析考量而后定。

对降水、排水方法更要进行充分论证，因为许多城市水资源紧张，对上层滞水要研究水的循环和应用问题，对潜水、承压水要研究回灌问题，施工中尽力减少水的浪费。郊区线路穿过农田或湿地时，要注意处理好灌溉和湿地保护，防止土地干涸化。

（四）控制地铁爆破震动的影响

我国一些城市修建地铁，有部分或多处线段通过岩石地层。以当前技术条件，爆破法是开挖岩石隧道最经济合理的方法，通常用在距离地面只有十几米或二十多米深的地下，爆破所产生的震波对地面的房屋和周围的管道将有不同程度的影响。决定采用爆破法时一定要通过测试确定本地区爆破衰减规律及其受害影响程度。爆破方案可以选择静态爆破（采用膨胀剂）或予裂爆破（采用微差雷管单孔依次起爆），通过打孔、掏槽装药、起爆等试验参数来确定爆破实施方案，控制地铁的爆破震动效应。

第六章　市政给排水施工技术

随着城市建筑工程的逐渐增多，市政给排水工程施工也越来越重要。市政给排水工程的良好落实，不仅能够保障建筑工程的顺利实施，而且能够为市民的正常生活提供方便。因此，加强市政给排水工程的落实，明确市政给排水工程的现状及施工中的注意事项，是市政给排水工程发展的重要保障。本章主要从市政给排水工程应用现状、市政给排水工程设计以及绿色理念下的市政给排水工程施工技术三个方面进行了探讨。

第一节　市政给排水工程应用现状

一、城市给水处理行业的现状

（一）国内给水处理行业的现状

1879年，大连市旅顺口区引泉供水，开创了中国引泉供水的历史。1949年，全国有72个城市约900万人用上自来水，日供水量为240万立方米每天，但多数水厂由外国设计和管理。之后，在各级党和政府的高度重视下，我国供水行业开始蓬勃发展。我国自来水厂技术工艺经过长期的发展，截止到1995年底，我国有640座城市。《中国城市供水统计年鉴1996》对528座城市统计，共有自来水厂1329座（地表水厂783座，地下水厂546座），但仍满足不了城市发展的需求。据统计，全国2/3城市常年处于供水不足的状态。这主要是由以下几点原因造成的。

①我国水资源总量居世界第六，但人均量居世界第88位，是世界平均水平的1/4，且时空分布不均匀。

②水污染严重，水源污染严重。我国7大水系和内陆河流110个重点河段符合水环境质量标准Ⅰ类和Ⅱ类占32%，Ⅲ类占29%，Ⅳ类和Ⅴ类占39%。水利部对全国条大河流近10万公里河长的检测表明，现有河流近1/2受到污染，1/10受严重污染。全国城市中90%水域受到污染，其中大河干流占13%，支流占55%。

③饮用水标准提高，过去执行的国家水质标准（GB 5749—1985）是1985年前制定的，当时只规定了35项水质项目。卫生部2001年的《生活饮用水卫生规范》颁布了水质检验项目，其中常规检验项目为34项，非常规检验项目为62项，并在96项水质项目中规定了大量的有机污染物限制浓度。2006年卫生部颁布的《生活饮用水卫生标准》（GB 5749—2006）规定常规检验项目为42项，非常规检验项目为64项。该标准还将出水浊度“特殊情况下不超过5 NTU”改成“不超过3 NTU”；对出水耗氧量“特殊情况下不超过5mg/L”注明为“当原水耗氧量大于6mg/L时不超过5mg/L”。

2007年底，国家发改委、卫生部、建设部、环保总局等多部委联合印发《全国城市饮用水卫生安全保障规划》，明确规定，全国近年抽检饮用水合格率83.4%。数据所依据水样2000多份。仅是国内重点城市或少数城市水样，甚至不包括地级市水厂，无法代表全国情况。针对上述水资源危机，国家“十二五”期间对供水设施积极改造，对出厂水水质不能稳定达标的水厂全面进行升级改造。

目前，我国大部分给水厂的处理工艺仍然以常规处理工艺为主，即混凝、沉淀、过滤和消毒，只有少数的给水厂采用了深度处理，未来加强预处理和预深度处理是我国给水行业的发展方向。

近年来，采用深度处理和创新工艺的水厂在我国也开始不断涌现。隶属于南通市自来水公司的南通崇海水厂就是一个采用深度处理的给水厂。该水厂设计总规模80万立方米每天，采用常规处理及深度处理组合工艺流程，将深度处理工艺组合于常规处理工艺之中，大大降低了将传统的深度处理置于常规处理之后所带来的生物泄露风险。该水厂深度处理采用上向流活性炭滤池，而不是传统的下向流活性炭滤池，每年可节约70.08万度电。另外，该水厂通过适当抬高平流沉淀池的标高并降低清水池的标高，取消了在常规处理与深度处理之间设置的提升泵房，节约了工程总投资并降低了日后的运行费用。

从目前情况来看，我国的给水系统管理体系薄弱，自动化程度低，未来我国的给水处理行业应该向高自动化、快速监测、实时反应方向发展。

（二）国外给水处理行业的现状

1810年，第一个城市供水净化系统在苏格兰佩斯利完成。集中供水是人类文明的重要标志之一。而集中供水的一个重要因素就是集中生产干净饮用水的给水处理厂。给水处理厂是控制水质、净化水质的主要环节，国外给水处理过程如图16所示，通常由预处理、常规处理和深度处理组成。

图 16　国外给水工艺处理流程

预处理最主要的去除对象是氨氮，正常气温下，氨氮去除率在 70% 以上，即使水温在 5℃左右，去除率通常也在 30% 左右，对有机物、铁、锰等也有一定去除率，但效果一般。预处理的缺点是去除率受气温影响较大，且构筑物占地面积较大。

常规处理工艺最主要的去除对象是水的浊度、病毒、微生物与部分有机物。国外给水厂尤其重视混凝条件的优化，合理确定投加混凝剂和助凝剂的类型与数量，调节 pH，严格控制沉淀池出水浑浊度在 2 NTU 以下。

深度处理最主要的去除对象是原水中的有机物，即 CODM。这类技术一般包括氧化技术（臭氧、高锰酸钾、光氧化等）、吸附技术（GAC、PAC 和 BAC）、膜技术（超滤、纳滤、反渗透）以及离子交换技术等。其中，臭氧氧化、活性炭吸附技术在发达国家已经成熟运行，而膜技术是 20 世纪 80 年代后开始普及的深度处理技术，净水效果是非常显著的。

现在国外给水工程较以往的任何时候都更加注意原水的预处理工作和在常规处理工艺后面的深度处理，这是当前发展最快的方面，也是我国和国外给水工艺水平主要差距所在。

二、城市污水处理行业现状

（一）国内污水处理行业现状

20 世纪七八十年代正值发达国家水环境污染比较突出的一段时间，当时这些国家都加大了环境治理力度，一般排水工程投资均为 GDP 的 0.50% 以上，最高达 0.88%。因此，这些国家的水污染能在较短时间内得到控制，水质有所改善，水生生态向良性循环转化。

我国污水处理行业起步较晚，并且早期对此行业重视不够。我国历年投资强度与国外相比相差了 20 ～ 40 倍。据 1983 年统计，我国城市污水经过处理的只有 1.6%，其中 78% 只是一级处理。

污水是造成环境污染的来源之一。近年来，我国的污水处理厂建设也越来越受到重视，污水处理厂的建设步伐也在加快。1998—2006 年，我国城市污水处理厂由 266 座增加到 937 座；污水日处理能力由 1136 万吨增加到 6360 万吨；实际污水日处理量也从 29 亿吨增加到 163 亿吨。这在一定程度上改善了我国的地表水环境。2008 年 9 月经升级改造后全部建成投产的白龙港污水处理厂项目总投资 22.22 亿元，建成后所处理污水占上海中心城区污水处理总量的 1/3。该污水处理厂是我国规模最大的污水处理厂，也是亚洲规模最大的污水处理厂。白龙港污水处理厂改造升级采用 A2/O 生物处理工艺，污水由日处理 120 万立方米的一级加强处理提升到日处理 200 万立方米的二级生化处理，出水水质达国家二级排放标准后，经深水排放系统排入长江口。

目前，我国现有的城市污水处理厂 90% 以上采用的是活性污泥法，其余的采用一级处理、强化一级处理、生物膜法、稳定塘及土地处理法等。

目前我国污水处理行业存在的问题有以下几方面。

①无法准确把握进出水质的设计。在我国污水处理厂中，实际进水 COD 浓度与设计进水 COD 浓度比值低于 1.0 的占 65.8%；实际进水 BOD_5 浓度与设计进水 BOD_5 浓度比值低于 1.0 的占 83%；实际进水 SS 浓度与设计进水 SS 浓度比值低于 1.0 的占 61.6%。

②缺少相应的水质水量模型、数据库等，无法通过水质水量特性分析以及动态工艺的研究来确定水质参数。

③污泥的处理费用占工程投资和运行费用的 25% ～ 45%。如何解决污水厂的湿污泥也是我国排水处理行业需要探讨的问题之一。

2006 年，国家已将城镇污水处理厂出水排入国家和省级重点流域、湖泊、水库等水域时所执行的一级 B 标准提高为一级 A 标准（对比数值如表 8 所示）。若仍采用现有的处理工艺，即便增加运行能耗和处理费用也可能难以使出水水质稳定地达到一级 A 标准。

近年来，我国已开始重视三级处理工艺的开发和研究，目前利用较多的是在生物处理之后增加混凝、过滤、消毒等常规处理过程，此外还有膜生物反应器技术。在当前水环境污染加剧、淡水资源日益减少的状况下，三级处理工艺的研究与应用将会越来越受到重视。

表 8　各级标准规定的基本控制项目最高允许排放浓度（日均值）

序　号	基本控制项目	一级标准		二级标准	三级标准
		A 标准	B 标准		
1	化学需氧量（COD）（mg/L）	50	60	100	120
2	生化需氧量（BOD_5）（mg/L）	10	20	30	60
3	悬浮物（SS）（mg/L）	10	20	30	50

续　表

序　号	基本控制项目		一级标准		二级标准	三级标准
			A 标准	B 标准		
4	动植物油（mg/L）		1	3		20
5	石油类（mg/L）		1	3	5	15
6	阴离子表面活性剂（mg/L）		0.5	1	2	5
7	总氮（以 N 计）（mg/L）		15	20	—	—
8	氨氮（以 N 计）（mg/L）		5（8）	8（15）	20（30）	—
9	总磷（以 P 计）（mg/L）	2005 年 12 月 31 日以前建设的	1	1.5	3	5
		2006 年 1 月 1 日起建设的	0.5	1	3	5
10	色度（稀释倍数）		30	30	40	50
11	pH		6 ～ 9			
12	粪大肠杆菌倍数（个/L）		1 000	10 000	10 000	—

（二）国外污水处理行业现状

为把环境污染降到最低，污水处理厂工艺应分为三级：一级处理，应用物理处理法去除污水中不溶解的污染物和寄生虫卵；二级处理，应用生物处理法将污水中各种复杂的有机物氧化降解为简单的物质；三级处理，应用化学沉淀法、生物化学法、物理化学法等，去除污水中的磷、氮、难降解的有机物、无机盐等，如图 17 所示。

国外城市污水处理厂的发展趋势，除了数量上不断增加外，二级处理厂所占比重逐渐增大，并开始建设三级处理厂。美国和德国的二级污水处理厂占污水处理厂总数的 70% 以上；英国则全部为二级污处理厂；日本二级污水处理厂占污水处理厂总数的 90% 以上。

图 17　国外排水工艺处理过程

另外，国外污水处理厂逐渐向大型发展，即几个甚至十几个城镇共同建设统一的污水处理厂。比如，仅法国巴黎的阿谢尔污水处理厂就处理一个市和三个省的污水，日本也在发展能处理几个城镇污水的“流域下水道”。

美国芝加哥市的斯蒂克尼污水处理厂是世界最大的污水处理厂之一，服务人口为 260 万，服务面积 15 万公顷，日处理水量 340 万立方米，采用传统活性污泥工艺。其进水泵站是世界最大的地下式污水提升泵站，污水从地下 90 m 深的隧道中被提升至污水处理厂。该厂如此之大，以至于专门为其建设了铁路运输系统。

三、城市给排水管网现状

（一）国内给排水管网现状

我国给排水管网起源较早，甚至可以追溯到距今 4300 年的河南淮阳平粮台古城，但是，在近代发展相对缓慢。20 世纪初期随着经济建设的快速发展，城市建设也得到了长足的进步，各项基础设施建设也大量得以推进。作为市政基础工程的重要组成部分，城市给排水管网也在城市及市郊不断密集与延伸。但是即使在现阶段，我国大多数城市的给排水系统还很不完善，较多的城市还在沿用 20 世纪，甚至新中国成立前的给排水管道，在使用效率与效果方面存在较多的问题。因此，对于城市给排水管网的优化配置，包括对现有设施的改建扩建及完善的要求已日益迫切。

目前，国内市政的给排水管网主要存在以下问题。

1. 城市给排水管网布置不合理

在城市化进程加快发展的背景下，给排水管网的覆盖密度也逐年增加，建设速度也尽量加快。在此情况下，必然出现新的给排水系统与既有管网系统的对接配合问题、新系统的设计与配置本身是否合理的问题，主要体现在：①主要基础设施的规划设计与管理工作明显滞后；②设计院在工程管线设计中也往往缺乏资料或长远考虑，没有结合现场实际的综合管线设计；③在设计方法上，大多数工程技术人员一般是采用传统计算等模式，工作思路上历史惯性较大，工作效率也较低，优化的切入点也存在一些困难。

2. 环境变化及材质优化不足导致存在漏失现象

由于城市建设的特殊性，现有管网系统都是基于历史存在的管网系统新改扩建而来。

我国大多数城市使用的城市主管网基本上都可以追溯到 20 世纪，甚至更早。这样必然出现管材老化、超期服役、废弃管线没有最终废弃或仅仅是功能上的废弃、管线附属设施管理不善、漏水、随排水管流失、管线内水压力过大等，最终造成供水管网漏失，造成了供水浪费。

3. 当前配置尚不能完全满足突发事件的要求

给排水系统面临的突发事件主要有三大类，即爆管、污染、排涝。主要原因为如下。①工程资料数据不全提高了爆管的可能性。比如，由于不明确地下管线情况，工程施工道路碾压等导致给排水管爆管。爆管后，大多数管道系统还仅仅是根据排水量的急剧变化才得以知晓，而此时，外界的反馈往往更先于企业得知爆管情况，这样既浪费了水资源，也妨碍了正常的生产生活。②对于管网的污染问题，很多水厂，特别是南方的水厂，在排涝期间附近水源被污染，水源水质极度恶化，水质指标比平时高出几倍，需要暂停供水时，目前还只能大面积停水，管网子系统功能还不发达。③排涝问题在我国也必须得到重视。由于近年来极端天气的出现，夏天突然降水，而排水系统不畅使得一些城市街道大范围积水，严重危及人们的生命财产安全。

（二）国外给排水管网现状

西方国家给排水管网的发展始于 19 世纪中叶，其发展过程大致可分为三个相对独立又相互交错的阶段。第一阶段是早期阶段。这一阶段发展缓慢，只是建造能将污水和雨水直接排入水体的管渠工程，并且污水入网率较低。第二阶段是发展阶段。20 世纪六七十年代开始，西方国家投入大量的人力财力来铺设管网以提高收集率，人均污水管可达 4 m，但排水管网依旧是以合流制为主。第三阶段是暴雨雨水管理阶段。这一阶段主要是解决合流制管网带来的污染问题，并且加强对暴雨雨水的管理问题，建立一套更加完善的管网系统。

西方国家的实践表明，在改善受纳水体水质的各种可选方案中，将合流制改造为分流制费用高昂且效果有限，而在合流制系统中建造上“控制”设施则较为经济且有效。

目前国外的给排水系统各有特点，并与该国基本国情有一定联系。比如，日本。日本是个台风多发国家，东京地区的地下排水系统主要是为避免受到台风雨水灾害的侵袭而建的。这一系统于 1992 年开工，2006 年竣工，堪称世界上最先进的下水道排水系统，其排水标准是“五至十年一遇”，由一连串混凝土立坑构成，地下管道最深可达 60 m。又如，西方发达国家。西方发达国家的排水工程的规模之大有时是惊人的。1859 年，伦敦地下排水系统改造工程正式动工。该工程计划将所有的污水直接引到泰晤士河口，全部排入大海。工程规模扩大为全长 1 700 km 以上，下水道在伦敦地下纵横交错，基本上是把伦敦地下挖成蜂窝状。正是这一将污水与地下水隔开的庞大工程结束了伦敦瘟疫肆虐的局面。

随着计算机信息技术的发展，西方发达国家在完善给排水管网的硬件基础上深入研究管网的管理系统。例如，国际都市巴黎早在 20 世纪 80 年代给排水管道总长就达到 2 350 km，同时巴黎市的供水公司已经对全市 12 300 个阀门，66 000 个连接点以及 25 000 组公共设施进行过全面统计。在此基础上，一个初始的 CAD 系统很快建立起来，并在 1985 年年底在公司的主要工程部门开始运作。目前，国外供水行业管线管理技术已经从日常的资料管理逐步向更深层次的应用发展，并逐渐呈现如下两个特点。

①实时有效的动态检测与分析，为供排水管理提供必要的支持。

②将地理信息系统（GIS）与其他系统广泛集成。

第二节　市政给排水工程设计

一、城市给水系统的设计

（一）水源的选择

用水水源的选择是给水工程的关键。在选择时应注意以下原则。

①水源选择必须在对各种水源进行全面分析研究，掌握其基本特征的基础上，综合考虑各方面因素，并经过技术经济比较后确定。确保水源水量可靠和水质符合要求是水源选择的首要条件。

②对于符合卫生要求的地下水，可优先将其作为生活饮用水源考虑，但取水量应小于允许开采量。

③全面考虑，统筹安排，正确处理给水工程同有关部门，如工业、农业、航运、水电、环境保护等方面的关系，以求合理地综合利用和开发水资源。

④应考虑取水构筑物本身建设施工、运行管理时的安全，注意各种具体条件，如水文、地质、地形、人防卫生等。

选择城市给水水源应以水资源勘察或分析研究报告和区域、流域水资源规划及城市供水水源开发利用规划为依据，并应满足各规划区城市用水量和水质等方面的要求。

在规划阶段确定水源地时应注意以下几点。

①水源地应设在水量、水质有保证和易于实施水源环境保护的地段。

②选用地表水为水源时，水源地应位于水体功能区划规定的取水段或水质符合相应标准的河段。饮用水水源地应位于城镇和工业区的上游。饮用水水源地一级保护区应符合现行国家标准《地表水环境质量标准》GB 3838—2002 规定的Ⅱ类标准。

③选用地下水水源时，水源地应设在不易受污染的富水地段。

④当水源为高浊度江河时，水源地区应选在浊度相对较低的河段或有条件设置避砂峰调蓄设施的河段，并应符合国家现行标准《高浊度水给水设计

规范》CJJ 40—2011 的规定。

⑤当水源为咸潮江河时，水源地应选在氯离子含量符合有关标准规定的河段或有条件设置避咸潮调蓄设施的河段。

⑥当水源为湖泊或水库时，水源地应选在藻类含量较低、水位较深和水域开阔的位置，并应符合国家现行标准《含藻水给水处理设计规范》CJJ 32—2011 的规定。

（二）取水构筑物的设计

取水构筑物的设计要点包括以下几方面。

①取水构筑物保证在枯水季节仍能取水。用地表水作为城市供水水源时，其设计枯水流量保证率，要根据城市规模和工业大用户来选定，一般可采用 90% ～ 97%。

②对于条件复杂的河道，或取水量占河道的最枯月平均流量比例较大的大型取水构筑物应进行水工模型试验。

③当自然状态下河流不能取得所需设计水量时，应修拦河坝或其他确保可取水量的措施。

④对于取水构筑物位置的选择，应全面掌握河流的特性，根据取水河段的水文、地形、地质、卫生防护、河流规划和综合利用等条件进行综合考虑。

⑤在取水构筑物进水口处，一般要求不小于 2.5 ～ 3.0 m 的水深；对小型取水口，水深可降为 1.5 ～ 2.0 m。当河道最低水位的水深较浅时，应选用合适的取水构筑物形式和设计数据。

⑥水源、取水地点和取水量等的确定，应取得有关部门同意。对于水源，应按《生活饮用水卫生标准》采取相应的卫生防护措施。

（三）给水处理厂的设计

给水处理厂设计内容包括设计规模的确定，厂址的选择，水处理工艺选择，处理构筑物的选择与计算，药剂的选择与用量确定，二级泵站设计与计算，水厂平面和高程布置等。

①厂址应选择在工程地质好、不受洪水威胁、交通便利的地方，应少占农田。

②水厂的规模应与规划相一致，远期与近期相结合。水处理构筑物的生产能力，以最高日供水量加水厂自用水量进行设计，并按原水水质最不利情况进行校核。

③对于给水处理的方法与工艺流程，应根据生产能力和水质等因素来确定。由于水源不同，水质各异，水处理系统的组成和工艺流程多种多样。

（四）输配水管网设计

1. 管材的选择

合适的给水管材是给水工程质量和运行安全保障的关键，近年来，随着给水工程材料技术的发展，已有众多种类的管材在给水工程中得以广泛应用，其中应用较多的球墨铸铁管、钢丝网骨架塑料复合管、钢管和预应力钢筒混凝土管四种管材，如表 9 所示。

表 9　给水管材的特点

给水管材	优　点	缺　点
球墨铸铁管	具有优良的抗冲击能力，使用年限长，管道承压能力高、防腐能力强	重量较钢管重，强度和整体性较钢管小
钢管	重量相对较轻、强度高、管道接口精度高、供水安全性好等	价格较高，耐锈蚀性差
预应力钢筒混凝土管	能承受较高的内压和外压，抗渗性能好，使用寿命为 60 年以上，流体阻力小	管道和管件自重大，运输费用较高
钢丝网骨架塑料复合管	重量轻，耐压强度好，输送阻力小，耐腐蚀性强	抗紫外线能力差，适合地埋，管径最大为 600 mm，综合造价高于球墨铸铁管

2. 管径的确定

合理地确定管径，不仅能保证管网的水压，减少损耗，还能节省工程造价，是市政管网设计的重点。设计供水量包括以下几种用水量：综合生活用水、工业用水、浇洒道路和绿地用水、未预见水量和管网漏水损失。

3. 管网的布置

输水管一般铺设的距离长，因此与河流、高地、交通路线的交叉较多。输水管线有多种形式，分压力输水和无压输水两类。应根据具体情况确定输水方式。一般采用加压和重力相结合的输水方式。配水管网根据城市规划、用户分布以及用户对用水的安全可靠性的要求程度等，分为树状网和环状网两种形式。树状网一般适用于小城市和小型工矿企业，这类管网从水厂泵站或水塔到用户的管线布置成树枝状。显而易见，树状网的供水可靠性较差，因为管网中任一段管线损坏时，在该管段以后的所有管线就会断水。环状管网中，管线连接成环状。这类管网当任一段管线损坏时，可以关闭附近的阀门使它和其余管线隔开，然后进行检修，供水可靠性增加。

4. 管道的埋深

以相关的规范为依据，对于管道的埋深，应结合实际情况，如冰冻情况、管材的性能、抗浮要求等来设计。

5. 管道的附属构筑物

管道的附属构筑物主要就是一些阀门井、支墩等，其中阀门井包括检修阀门井、排泥井、排气井等。在设计时应根据当地的实际情况选择合适的构筑物。

二、城市排水系统的设计

（一）排水系统的体制选择

合理选择排水体制，是城市和工业企业排水系统规划和设计的重要的问题。它关系到排水系统是否经济实用，能否满足环境保护要求，同时也影响排水工程总投资、初期投资和经营费用。下面从不同角度来进一步分析对比各种排水体制。

从环境保护方面看，截流式合流制排水系统同时汇集了全部污水和部分雨水并将其输送到污水处理厂，这对保护水体有利。但暴雨时部分生活污水、工业废水通过溢流井泄入水体，会周期性地给水体带来一定程度的污染。分流制排水系统，是指将城市污水全部送到污水处理厂处理，但初期雨水径流却未经处理直接排入水体。

从环境卫生方面分析，哪一种体制较为有利，要根据当地具体条件分析比较之后才能确定。一般情况下，截流式合流制排水系统在保护环境卫生、防治水体污染方面不如分流制排水系统。分流制排水系统比较灵活，较易适应发展需要，通常能符合城市卫生要求，因此有着广泛的应用前景。

从基建投资方面看，合流制排水体制只有一套管渠系统，管渠总长度要比分流制减少 30% ～ 40%，而断面尺寸和分流制雨水管渠基本相同，因此合流制排水管渠造价一般要比分流制低 20% ～ 40%。虽然合流制泵站和污水处理厂的造价通常比分流制高，但由于管渠造价在排水系统总造价中占 70% ～ 80%，所以分流制的总造价要比合流制高。从节省初期投资考虑，初期只建污水排除系统而缓建雨水排除系统，可以节省初期投资费用，而且施工期限短，发挥效益快，可随着城市的发展，再行建造雨水管渠。

从维护管理方面看，合流制排水管渠可利用雨天剧增的径流量来冲刷管渠中的沉积物，维护管理较简单，可降低管渠的维护管理费用。但泵站与污水处理厂设备容量大，晴天和雨天流入污水处理厂的水量、水质变化剧烈，从而使泵站与污水处理厂的运行管理复杂，增加运行费用。而分流制流入污水处理厂的水量、水质变化比合流制小，利于污水处理、利用和运行管理。

从建设施工方面看，合流制管线单一，与其他地下管线、构筑物的交叉少，施工较简单，在人口稠密、街道狭窄、地下设施较多的市区，有一定的优越性，但也存在合流制本身的诸多问题。

总之，排水体制的选择是一个较为复杂的问题，应根据城市总体规划、环境保护、当地自然社会经济条件、水体条件、城市污水量和水质情况、城市原有排水设施等情况综合考虑，通过技术经济比较决定。一般新建城市或地区的排水系统，应采用分流制；旧城区排水系统的改造，可采用截流式合流制。同一城市的不同地区，可视具体条件，采用不同的排水体制。

（二）排水管网系统的设计

1. 管材的选择

目前，国内污雨水管道广泛使用的几种主要管材有钢筋混凝土管、HDPE管、UPVC管、PE管、玻璃钢夹砂管等。其中，非金属管材，如HDPE管、增强型PE管、玻璃钢夹砂管等在排水管道中的应用日益普遍。排水管材的特点如表10所示。

表10　排水管材与特点

排水管材	优　点	缺　点
钢筋混凝土管	节省钢材，价格低廉，防腐性能佳	重量大，质地脆弱
UPVC加筋管	价格低廉，质地较硬	脆性大，适合敷设于小区道路
HDPE双壁波纹管	耐酸碱、耐腐蚀，水利条件好	价格高
钢带增强PE螺旋波纹管	节约用材，较轻，韧性好、抗老化	生产工艺复杂

2. 排水管道的布置

排水管道的管线布置包括确定排水区域和划分排水流域。布置排水管道时应遵循以下原则。

①按照城市总体规划，结合当地实际情况布置排水管网，要进行多方案技术经济比较。

②先确定排水区域和排水体制，然后布置排水管网，应按由管到支管的顺序进行布置。

③充分利用地形，采用重力流排除污水和雨水，并使管线最短和埋深最小。

④协调好排水管理与其他管道、电缆和道路等工程的关系，考虑好排水管理与企业内部管网的衔接。

⑤规划时要考虑到使管渠的施工、运行和维护方便。

⑥远、近期规划相结合，考虑发展，尽可能安排分期实施。

排水管道一般布置成树状管网，根据地形、竖向规划、污水处理厂的位置、土壤条件、河流情况以及污水种类和污染程度等分为多种形式。在一定条件下，地形是影响管道定线的主要原因，定线时应充分利用地形，使管道的走向符合地形趋势，一般应顺坡排水。

3. 排水管道的设计参数

排水管道的设计参数包括设计充满度、设计流速、最小管径、最小设计坡度和管道埋深等。

（三）污水处理厂的设计要点

1. 厂址的选择

厂址应选择在地质条件好的地方，必须位于集中给水水源的下游；与纳污水体相近；应位于城镇夏季主导风向的下风侧；不受洪涝灾害的影响；有方便的交通、电力和运输条件。

2. 处理工艺的选择

对污水处理工艺进行选择时，应考虑的因素有：污水的处理程度；处理规模和水质特点，当水质水量变化很大时，可以设置调节池或者选择承受冲击负荷能力较强的处理工艺；工程造价与费用；当地的自然条件，如太冷或太热的地区不宜采用生物转盘和普通生物滤池工艺。

3. 污水处理厂平面布置

①厂区功能明确。

②顺流排列、流程简洁。

③充分利用地形，降低能耗和工程费用。

④考虑分期建设的可能性，留有适当扩建的余地。

4. 高程布置

①考虑远期发展，增加一定的预留水头。

②避免构筑物之间跌水等浪费水头的现象，充分利用地形，实现自流。

③在计算并留有余量的前提下，力求缩小全程水头损失以及提升泵站的扬程，降低运行费用。

第三节　绿色理念下的市政给排水工程施工技术

给排水管网采用较多的施工方法为开槽埋管法、顶管法、盾构法以及水平定向钻进施工方法。这些方法中，开槽埋管属于明挖法，其他几种方法都属于机械施工的暗挖方法。这几种机械施工方法各有优缺点。后三种机械施工方法的优缺点及其在适用范围、直径、施工精度以及施工速度等方面的比较如表 11 所示。

表 11　顶管施工与其他工法的比较

比较 \ 工法		顶管法	盾构法	水平定向钻进法
特点	优点	顶进精度高	适用于大口径隧道	施工速度快
	缺点	施工成本较高	施工成本高	由于精度限制，无法用于重力流管道施工
适用范围		通信管、排水管、煤气管、自来水管、综合管道	综合管道、地铁、隧道	通信管、煤气管、自来水管
适用管径（mm）		ϕ800 ～ ϕ4 000	ϕ3000 ～ ϕ15 000	ϕ100 ～ ϕ1 000
施工精度		50 mm 以内	50 mm 以内	1 000 mm 以内
施工速度		15 ～ 25 m/d	15 ～ 15 m/d	50 ～ 100 m/d

一、开槽埋管法施工

（一）工法概述

尽管在城市中由于受交通条件的制约，采用非开挖技术抢修沉管开始受到青睐，但是开槽埋管技术作为传统的铺管技术，仍然在施工中具有重要的意义，目前仍是城市管道施工最主要的施工方法。

开槽埋管技术利用井点降水原理，先将地下水降至槽底以下，使开挖后的沟槽处于无水状态。再利用沟槽边坡支护的方法，防止边坡失稳和地表沉降，确保周边建（构）筑物安全。沟槽采用机械设备按设计坡度分段开挖，大直径管道采用吊机起吊下管，小直径管道由人员配合小型机具下管，人工安装接管，机械回填碾压。

开槽埋管技术要求场地两侧无大型建（构）筑物，地层可用井点降低地下水，适用于黏土、硬塑的轻亚黏土、碎石土、砂类土及砂砾石混合土等土层。

开槽埋管法具有以下特点。

①施工时可以开展多个工作面，能提高施工速度，压缩工期。与顶管施

工相比，开槽埋管施工只要场地允许，可在沿线全面展开施工，施工不受工作面的限制，机械及人员可以大面积展开，机械利用率及施工效率高，可以有效地降低因工期压力而造成的各项费用的支出。尤其是现在工期都非常紧的情况下，开槽埋管施工方法是一种既快速，又节约成本的施工方法，被广泛应用于城市管道施工中。

②由于受城市地形限制，沟槽开挖宽度小，坡度大，为防止边坡坍塌及地表变形，影响周围建筑物，沟槽边坡往往要进行支护。管道铺设好后，要及时进行管沟回填作业，确保沟槽受力平衡，防止因沟槽暴露时间过长而产生地表开裂变形。

③大多城市地下水丰富，在开挖前要进行井点降水。

④与其他地下管道施工相比，开槽埋管施工为开挖后明铺管道，可完全保证管道施工质量。开槽埋管施工中，由于管道沟槽采用明挖方法，管道基础、管道铺设及连接等工序均由人工施做，每道工序都必须经过检查验收后才能进入下道工序，有效地防止了管道渗、漏、堵等病害缺陷及不良地质处管道下沉、断裂等现象，能很好地确保管道施工质量。

⑤开槽埋管法施工工艺简单，在施工过程中可采取机动灵活的方式，可操作性强。

（二）施工要点

1. 管沟土方工程

在地下管道施工中，土方工程量很大，其中路面破碎、土方开挖回填以及施工中沟槽支撑等约占总工程量的 80% 以上。土方工程施工质量直接影响管道的基础、坡度和接口的质量，所以应认真对待。

（1）路面分类和开掘

根据路面的种类与结构，采用不同的开掘方法，如表 12 所示。

表 12　城市道路的分类及开掘方式

路面种类	路面结构	开掘方式
刚性路面	钢筋混凝土路面，俗称白色路面	先用路面破碎机击碎，后用铁棒撬松
柔性路面	沥青、细砂路面，俗称黑色路面	风镐开掘，铁棒配合
半柔性路面	三渣路基、柏油罩面层	风镐开掘，铁棒配合
简易路面	黄泥碎石、煤渣、石块等	小型风镐或直接用铁棒、铁镐

（2）土壤的开挖

按土壤的结构密实程度和开挖难易程度，采用不同的开掘方法。

目前管道沟槽的开挖普遍采用机械挖掘机代替人工开挖，工作效率提高数十倍以上，并明显降低劳动强度。国内生产挖掘机规格日趋齐备，施工中可根据沟槽宽度选择各种类型挖掘机。

（3）沟槽的形式和支撑

1）沟槽的形式

对于沟槽形式的选择，城市中一般采用直沟；在管件镶接口或超深部位可采用梯形沟或混合沟；在郊区越野地带多采用混合沟，也可采用梯形沟。

2）接口工作坑

接口工作坑是施工人员在沟槽中进行接口操作的场所，其几何形状大于原沟槽。由于施工时间较长，接口工作坑内往往需要设聚水坑并加以支撑。

3）沟槽支撑

已开掘成型的沟槽在管道尚未敷设之前，由于土壤受地下水的浸泡和沟边地面荷载的影响，往往会造成塌方。这不但使工程遭受损失，而且对施工人员的安全造成威胁。所以沟槽支撑是避免塌方、确保安全的有效措施，是地下管施工安全操作规程的主要内容之一。有关规定如下。

根据实测，黄土、黏土在常温下，当地下水位较低，沟深 1.5 m 以上时容易塌方。因此一般规定沟深 1.5 m 以上必须支撑板桩后方可下沟施工。遇到砂土或沟边有电杆、建筑物的黏土、黄土的沟槽深度超过 1 m，须采取支撑措施后才可敷设管道。

支撑工具由板桩（铁板、槽钢、木板）和螺杆横撑组成。支撑方法可按土质情况采用水平支撑、垂直支撑、长板桩支撑和密板桩支撑等方法。在沟深 1.5 ～ 2.5 m 地下水位低的黏土、黄土地带可选用水平支撑和垂直支撑。在沟深 2.5 m 以上则采用长板桩和密板桩。为防止重载荷对板桩造成压力，必须把板桩（立板桩）压至沟底 0.50 ～ 1.00 m 的深度。

2. 管道敷设

①地下管道敷设的水平和垂直位置，一般不允许随意变动，管位的偏移将影响其他管线的埋设或给其他管线的检修造成困难。

②埋管的深度是指路面至管顶的垂直距离。埋管深度取决于管道顶面承受的压力及冰冻线深度。敷设于农田的管道深度还应考虑不影响耕种时翻土深度的需要。

3. 沟槽回填

回填土的质量直接关系到已敷设管道的稳固性和荷载能力，同时又涉及竣工后道路修复的质量。回填土操作要求如下。

①在回填前应先将沟槽里的积水排除，检查管基（特别是设垫块的部位）

是否牢固，然后选用无腐蚀性、无石块硬物、较干燥的小块土壤覆盖于管道的两侧与上方。覆盖管道表面的土层厚度不应小于 30 cm。

②回填时应将管道两侧回填土捣实，稳固管道，防止地下水流动使管基周围土层流失。捣实操作要注意防止损伤铸铁管、管件和损坏钢管防腐层。

③为减少修路机械振动的影响，保持已敷设管道稳定，回填土应分层夯实。一般在回填土覆盖高于管顶 50 cm 开始夯实，之后每 30 cm 夯实一次。回填土应高于原路面 5 ～ 10 cm，成弧形，以防土层沉陷使沟槽部分低凹，以及由地面通行车辆等产生的动荷载引起的冲击力损伤管道。当发现沟槽出现凹槽必须及时加垫土壤，直至路面稳定为止。

二、顶管法施工

（一）工法概述

目前，在城市给排水管网施工中，广泛使用顶管法。顶管技术是在不开挖地表的情况下，利用液压油缸从顶管工作井将顶管机和待铺设的管节在地下逐节顶进，直到顶管接收井的非开挖地下管道敷设施工。由于顶管施工无须进行地面开挖，因此不会阻碍交通，不会产生过大的噪音和振动，对周围环境影响也很小。顶管法广泛应用于给排水管道施工。

顶管法施工过程如下。在事先准备好的工作坑内，用液压油缸将顶管机和管节压入土层中，同时排出和运走挖出的泥土。当第一节管节完全压入土层后，再把第二节管节接在后面继续顶进。同时将第一节管节内挖出的泥土运走，直到第二节管节也全部压人土层。然后再把第三节管节接上顶进，如此循环重复。从理论上说，只要液压油缸的顶力足以克服顶管时产生的阻力，这个过程便可一直往复进行下去。

顶管法施工首先是要根据不同的地层进行顶管掘进机的选型。比如针对软黏土和粉质黏土可以选择泥水平衡顶管掘进机和土压平衡顶管掘进机。对小直径的顶管，可以选择泥水平衡顶管掘进机方便管内出土。对大直径的顶管，既可以选择泥水平衡顶管掘进机，也可以选择土压平衡顶管掘进机。对于砂性地层，可以采用加泥式土压平衡顶管掘进机施工。如果是小直径顶管，目前广泛使用二次破碎泥水式顶管掘进机，它可以较好地稳定开挖面的土体。对于复杂地层的顶管，应根据具体的地质条件确定顶管机的结构，包括驱动扭矩、刀盘和刀具的设计、辅助工法等。

（二）施工要点

顶管施工技术大体包括以下 16 部分。

1. 工作坑和接收坑

工作坑也称基坑。工作坑是安放所有顶进设备的场所，也是顶管掘进机的始发场所，工作坑还是承受主顶油缸推力的反作用力的构筑物。接收坑是接收掘进机或工具管的场所。

有时在多段连续顶管的情况下，工作坑也可当接收坑用，但反过来则不行，因为一般情况下接收坑比工作坑小许多，顶管设备是无法安放的。

2. 洞口止水圈

洞口止水圈是指安装在工作坑的始发洞口和接收坑的到达洞口，具有制止地下水和泥沙流到工作坑和接收坑的功能。

3. 掘进机

掘进机是顶管用的机器，它总是安放在所顶管道的最前端，它有各种形式，是决定顶管成败的关键所在。在手掘式顶管施工中不用掘进机而只用一只工具管。不管哪种形式，掘进机的功能都是取土和确保管道顶进方向的正确性。

4. 主顶装置

主顶装置由主顶油缸、主顶油泵、操纵台和油管四部分构成。主顶油缸是管子推进的动力，它多呈对称状布置在管壁周边，在大多数情况下都成双数，且左右对称。

主顶油缸的压力油由主顶油泵通过高压油管供给。常用的压力为 32 ～ 42 MPa，高的可达 50 MPa。

主顶油缸的推进和回缩是通过操纵台控制的。操纵方式有电动和手动两种，前者使用电磁阀或电液阀，后者使用手动换向阀。

5. 顶　铁

顶铁有环形顶铁和弧形或马蹄形顶铁之分。环形顶铁的主要作用是把主顶油缸的推力较均匀地分布在所顶管子的端面上。

弧形或马蹄形顶铁是为了弥补主顶油缸行程与管节长度之间的不足。弧形顶铁用于手掘式、土压平衡式等许多方式的顶管中，它的开口是向上的，便于管道内出土。而马蹄形顶铁则是倒扣在基坑导轨上的，开口方向与弧形顶铁相反，只用于泥水平衡式顶管中。

6. 基坑导轨

基坑导轨是由两根平行的箱形钢结构焊接在钢轨制成的。它的作用主要有两点：一是使推进管在工作坑中有一个稳定的导向，并使推进管沿该导向进入土中；二是让环形、弧形顶铁工作时能有一个可靠的托架。

基坑导轨有的用重轨制成，但重轨较脆，容易折断。由重轨制成的基坑导轨的优点是耐磨性好，现已不常使用。

7. 后座墙

后座墙是把主顶油缸推力的反力传递到工作坑后部土体的墙体。其作用是使推力的反力能够比较均匀地作用到土体，尽可能地使主顶油缸的总推力的作用面积大些。

由于主顶油缸较细，对于后座墙的混凝土结构来讲只相当于几个点，如果把主顶油缸直接抵在座墙上，则后座墙极容易损坏，为了防止此类事情发生，在后座墙与主顶油缸之间加垫一块厚度为 200 ～ 300 mm 的钢结构件作后靠背。通过它把油缸的反力较均匀地传递到后座墙上，这样后座墙也就不容易损坏。

8. 推进用管及接口

推进用管分为多管节和单一管节两大类。多管节的推进管大多为钢筋混凝土管，管节长度有 2 ～ 3 m 不等。这类管都必须采用可靠的管接口，该接口必须在施工时和施工完成以后的使用过程中都不渗漏。这种管接口形式有企口形、T 形和 F 形等多种形式。

单一管节的是钢管，它的接口都是焊接成的，施工完工以后变成一根刚性较大的管子。它的优点是焊接接口不易渗漏，缺点是只能用于直线顶管，而不能用于曲线顶管。除此之外，也有些 PVC 管可用于顶管，但一般顶距都比较短。铸铁管在经过改造后也可用于顶管。

9. 输土装置

输土装置会因不同的推进方式而不同。在手掘式顶管中，大多采用人力劳动车出土；在土压平衡式顶管中，有蓄电池拖车、土砂泵等方式出土；在泥水平衡式顶管中，都采用泥浆泵和管道输送泥水。

10. 地面起吊设备

地面起吊设备最常用的是门式行车，它操作简便、工作可靠，不同口径的管子应配不同吨位的行车。它的缺点是转移过程拆装比较困难。

汽车式起重机和履带式起重机也是常用的地面起吊设备。它们的优点是转移方便、灵活。

11. 测量装置

通常用得最普遍的测量装置就是置于基坑后部的经纬仪和水准仪。经纬仪用来测量管子的左右偏差。水准仪用来测量管子的高低偏差。

在机械式顶管中，大多使用激光经纬仪。它是由在普通的经纬仪上加装一个激光发射器制成的。激光束打在掘进机的光靶上，观察光靶上光点的位置就可判断管子顶进的高低和左右偏差。

12. 注浆系统

注浆系统由拌浆、注浆和管道三部分组成。拌浆是把注浆材料兑水以后再搅拌成所需的浆液。注浆是通过注浆泵来进行的，由注浆泵控制注浆的压力和注浆量。管道分为总管和支管，总管安装在管道内的一侧。支管则把总管内压送过来的浆液输送到每个注浆孔去。

13. 中继站

中继站亦称中继间，它是长距离顶管中不可缺少的设备。中继站内均匀地安装有许多台油缸。这些油缸把它们前面的一段管子推进一定长度以后，如 300mm，然后让它后面的中继站或主顶油缸把该中继站油缸缩回。这样一只连一只，一次连一次就可以把很长的一段管子分几段顶。最终依次把由前到后的中继站油缸拆除，一个个中继站合拢即可。

14. 辅助施工

顶管施工有时离不开一些辅助的施工方法。比如，手掘式顶管中常用的井点降水、注浆等。又如，进出洞口加固时常用的高压旋喷施工和搅拌桩施工等。

不同的顶管方式以及不同的土质条件应采用不同的辅助施工方法。顶管常用的辅助施工方法有井点降水、高压旋喷、注浆、搅拌桩、冻结法等多种，都要因地制宜地使用才能达到事半功倍的效果。

15. 供电及照明

顶管施工中常用的供电方式有两种。一种是在距离较短和口径较小的顶管中以及在用电量不大的手掘式顶管中，都采用直接供电。比如，动力电用 380 V，则由电缆直接把 380 V 电输送到掘进机的电源箱中。另一种是在口径比较大而且顶进距离又比较长的情况下，把高压电，如 1 000 V 的高压电输送到掘进机后的管子中，然后由管子中的变压器进行降压，降至 380 V 再把 380 V 的电送到掘进机的电源箱中去。高压供电的好处是损耗少而且所用电缆可细些，但高压供电危险性大，要慎重，更要做好用电安全工作和采取各种有效的防触电、漏电措施。

照明通常也有低压和高压两种。手掘式顶管施工中的行灯应选用12 ～ 24 V 低压电源。如果顶管管径大，照明灯固定，则可采用 220 V 电源，同时，也必须采取安全用电措施来加以保护。

16. 通风与换气

通风与换气是长距离顶管中不可缺少的一环，否则可能发生缺氧或气体中毒现象，千万不能大意。

顶管中的换气应采用专用的抽风机或者采用鼓风机。通风管道一直通到掘进机内，把混浊的空气抽离工作井，然后让新鲜空气自然地补充。或者使用鼓风机，使工作井内的空气强制流通。

三、水平定向钻进施工

（一）工法概述

水平定向钻进属于非开挖施工技术。非开挖施工技术主要有水平定向钻进施工和气动锤施工两种方法，两种施工方法又有相结合的趋势。

水平定向钻进铺管施工时，首先，采用水平定向钻机，钻进一个较小的导向孔；然后，卸下导向钻头，换上扩孔钻头进行反向扩孔，同时将待铺设管线拉入钻孔中。根据钻机的能力和待铺设管线直径大小，有时需要进行二次或多次扩孔后再铺设管线。

水平定向钻机具有可控制的钻进系统，能进行导向钻进。钻杆的旋转和一个特殊设计的楔形钻头，能对导向钻进过程进行三维控制，其原理如下。当钻进过程需要改变方向时，钻杆停止旋转，将楔形钻头的楔面固定在相应的位置，将钻杆向前推进即可改变钻连方向。钻头的位置、钻头与地面的倾斜度、楔面角度等重要数据是通过一个电磁探遣仪被传送到地面上的接收仪器中。到达目的点的楔形钻头将被换成一个锥形扩孔器，在拉回钻杆时将钻孔扩大到所需直径，同时将管线带入，以实现岩石和土质地层扩孔。

定向钻机按照不同的推拉力分为 6.5 t、10 t、12 t、20 t、150 t 五种，可用于直径达 600 mm，一次铺设长度为数千米的管线铺设。

定向钻机适用于均质地层的施工。当遇到卵砾石地层钻进时，一般钻机难以施工，为了解决上述施工难题，德国的一家公司研发了一种具有冲击功能的钻机，可以击碎钻进中的卵砾石，而对回扩时遇到大块卵砾石时，可采用岩石扩孔钻头。

目前在岩石中的钻进已有多种较为成熟的方法。其中，中联重科研究出的 KSD25 型干湿两用水平定向钻机，采用气动冲击锤钻进技术，能完成硬岩导向孔钻进。但在岩石中扩孔至今仍无新的方法出现，仍然采用传统的牙轮钻具，其效率低、易磨损、费用高。

随着产品的升级，水平定向钻机向智能化方向发展，能实现智能钻进纠偏、智能故障诊断、自动装卸钻杆、自动锚固、自动清泥和自动钻进等功能。

（二）施工要点

1. 前期踏勘

前期踏勘阶段主要对工地现场进行踏勘，了解施工现场的周边环境，确定定向穿越施工时钻机位置、欲敷设管道的布管位置，同时运用各种物探方法，了解相邻、相交地下管线的类别、管径、埋深、所处位置。对地质条件进行必要的了解。

2. 场地布置

入土点是定向钻施工的主要场所，钻机就布置在该侧，所以施工占地比较大。DD330 钻机的最小占地为 $30 \times 30\ m^2$，当然也可以根据现场的实际情况做相应调整。DD60、DD5 的占地面积相应要小得多。

出土点一侧主要作为管道焊接场地，在出土点应有一块 $20 \times 20\ m^2$ 的场地作为预扩孔、回拖时接钻杆和安装其他设备时使用；在出土点之后有一条长度与穿越长度相等的管线焊接作业带。

3. 导向轨迹设计

导向轨迹设计即寻找最理想的钻进路径，它是水平定向钻进拖拉法轨迹设计的核心。拖拉管的穿越曲线由造斜段与水平段组成。

水平定向钻进拖拉法导向钻杆穿越曲线的设计过程如下。

①对管道进行技术经济比较与论证，对工程特点进行分析，选择最适宜的管材。

②根据流量及管道埋设深度，确定管道的环刚度和管道外径 D。

③确定拖拉管水平段的埋深 H 及长度 L，一般按排水管道养护要求及穿越障碍物的实际需要确定管道长度。

④确定拖拉管的曲率半径。穿越曲线轨迹的曲率半径包括第 1 造斜段 L_1 中间曲线段曲率半径 R_1 及第 2 造斜段 L_2 中间曲线段曲率半径 R_2。R_1、R_2 的数值不得小于钻杆的曲率半径与管材的曲率半径。

4. 地面管线组装

（1）PE 管

PE 管的穿越规格为 OD160、OD200、OD250 等。

（2）PE 管热熔对接

中压以上管道现均已采用全自动热熔焊机施工。

（3）钢管

钢管分为无缝管、直缝管、螺旋缝钢管。其中，无缝管一般用得较多，均采用加强级 3PE 或者加强级环氧粉末进行防腐。

钢管焊接、焊口检测、防腐、补口、管道吹扫及压力试验均与直埋要求类似，应根据图纸，按照规范进行。

5. 水平定向穿越

（1）测量放线

测量放线应根据施工图纸要求的入土点和出土点坐标放出管线的中心轴线，在入土段测量并确定钻机安装位置和泥浆池的占地边界线。在出土点一端，应根据管线中心轴线和占地宽度（20 m）与长度（穿越管段长度加 50 m），放出管线组装场地边界线和泥浆池占地边界线，布置好场地，必要时平整场地以便于施工车辆进出。

（2）钻机安装和调试

钻机应安装在入土点和出土点的连线上，钻机导轨与水平面的夹角一般比设计的入土角大 1°（经验值）。钻机应安装牢固、平稳，经检验合格后进行试运转，同时对控向系统进行仔细调校。

（3）泥浆配制

根据地质情况和管径大小配制泥浆。泥浆由膨润土、泥浆添加剂和水搅拌而成。水应采用清洁的淡水，pH 值控制在 8 ～ 9。硬质水或盐水不利于膨润土和聚合物的使用。

不同的膨润土和处理剂，只有在其所处水质环境的 pH 值大于 7 的条件下（最好是 8 ～ 9），才能充分发挥作用。所以，施工所用水质对施工中的成孔极为重要。

（4）钻导向孔

导向孔的钻进是整个定向钻施工的关键，在导向孔施工过程中，要严格按照设计要求进行钻进，使导向孔曲线尽量平滑，以利预扩孔施工和管线回拖。

导向时，钻机从入土点沿着设计轨迹钻进直到出土点。司钻应根据导向仪传递的有关钻头参数，调整实际钻进轨迹与设计轨迹的偏差，确保钻孔的正确钻进；为保证左右方向，在出入钻点之间每隔 6 m 设一明显标记；钻进一根钻杆，方向至少探测二次；对探测点做好标记；严格记录钻进过程中的扭矩、推力、泥浆流量、泥浆压力、方向改变量；导向孔完成后，根据钻孔轨迹和数据记录，确定此导向孔是否可用。

（5）预扩孔

一般情况下，要根据钻机的能力、欲铺设管线的直径和土质条件决定预扩孔的大小及次数。预扩孔就是在实际铺设管线之前，经过一次或多次的扩孔来扩大钻孔的直径，每次预扩孔的直径和次数，视具体的钻机型号和地质情况来定。最后一次预扩孔直径一般为欲拖管线直径的 1.3 ～ 1.5 倍。

（6）管线回拖

经过预扩孔后，才可以进行管线的回拖工作，回拖管线时管线在扩好的的孔中处于悬浮状态，管壁四周与孔洞之间由泥浆润滑，这样既减少了回拖阻力，又保护了管线防腐层。要根据钻机的能力、地质情况、管道的参数等条件，决定回拖时的工艺参数，确保回拖顺利成功。

（7）撤场

水平定向穿越完成后，拆除钻机设备，清除施工留下的各种废弃物，对泥浆要妥善处理，按照进场路线撤离。

四、绿色理念下的给排水工程施工技术

人类在享受大自然的馈赠时，也肩负着节约能源、保护环境的责任。我们作为与环保紧密相联的给排水专业工程技术人员，在节水、节能、二次供水的污染防治等诸多方面，探讨实现建筑给排水环保的设计。

（一）节水设计

据资料显示，中国人均水资源占有量约为 2400 多立方米，仅为世界人均水资源占有量四分之一，属于缺水国家。在我国经济、社会快速发展的同时，水污染在日益加剧，水资源问题更加突出，节约用水是当前的紧迫任务。建筑给排水中节水的重点在卫生器具和给水配件、屋顶水箱浮球阀和建筑中水等方面。

1. 采用新型卫生器具及其配件

旧卫生器具，特别是大便器冲洗水箱耗水量大，卫生器具给水配件密封性和耐用性差，经常造成“跑、冒、滴、漏”现象，造成水资源的巨大浪费。而新型的卫生设备，如 JS 型虹吸式高效节水型坐便器每次冲洗水量仅为 5 升，可节水 50%；公共浴室采用的单管恒温供水配合脚踏阀淋浴器、光电淋浴器、手拉延时自闭淋浴器等比一般双管淋浴器可节水 20% ～ 50%；而陶瓷芯水龙头密封性能好，开关数万次无滴漏，节水效果明显。

2. 屋顶水箱浮球阀

屋顶水箱浮球阀继阀芯两步到位的配重逆开式的浮球阀上市后，又出现了双筒浮球阀、液压式浮球阀和呼吸阀。另外，最具特点的是导阀控制型浮球阀，它兼有浮球阀、减压阀、止回阀、流量控制阀、泄压阀的功能。这些新式浮球阀克服了传统产品开关不灵的现象，减少了溢流。

3. 建筑中水

节流必须要开源，建筑中水使污、废水处理后回用，既可节约用水，又使污水无害化、资源化，起到保护环境、防治水污染、缓解水资源不足的作用，社会效益显著。《建筑中水设计规范》颁布实施，对中水水源、水质标准、中水系统、处理工艺等方面提出了具体要求，对中水利用起到了推进作用。

（二）节能设计

1. 二次供水设备的选择

一般来说，水泵、水箱供水方式中水质易受污染，所以，二次供水已越来越多地被气压罐供水和变频调速供水取代。其中变频调速设备自 20 世纪 90 年代以来迅速发展，成为被普遍采用的供水方式。它采用变频器改变电机的供电频率，根据用水量的大小实现对水泵无级调速和循环软起动。变频设备已从最初的恒压变量供水发展到变压变量、变频气压供水等方式。合理地选择设备，能达到明显的节能效果。由于用水低谷时的水量偏离设计工况最严重，因此设备的组成必须满足低谷用水量变化的特点，设备必须在系统用水低谷时保持高效率。当低谷用水量不及单台水泵最大流量时，应自动切换小流量泵；当低谷用水量是断续的小流量时，宜设置适于断续供水的压力供水装置。

2. 热水供应和太阳能利用

热水供应系统可采用：①降低使用温度（热水在管道和设备中热损失与配水点要求的水温成正比，降低使用温度可减少能耗）；②减少热水耗量，在满足使用要求的前提下减少流率；③采用高效能保温材料，减少热损失；④提高换热器的传热效率；⑤采用节能型产品；⑥开发利用新能源等。太阳能是取之不尽用之不竭的清洁安全的新能源，被越来越多的应用于热水供应系统。利用太阳能的直接加热设备有真空管式和热管式，其集热效率高、保温性能好、受环境影响小，全自动运行，操作简单、维护方便，可全年使用。在太阳能热水系统设计中应注意以下几个方面的问题：①集热器选用要考虑其抗冻性能、抗热冲击性能和承压能力因素。②寒冷地区应采取可靠的防冻方式。③集热应因地制宜综合应用串联、并联方式使水流平衡。④必要时采取辅助加热方式。

（三）生活用水二次供水的污染防治

目前，我国二次供水是建筑给排水中保证水压的有效措施，同时增加了贮水设施、供水设备等中间环节，增大了水质污染的可能性。要防治二次供水水质污染，在设计上应主要在供水系统、储水池（箱）和给水管管材三方面采取措施。

1. 供水系统

在确定供水系统时，应对多种方案进行比较，尽量减少供水的中间环节。比如，在市政管网允许的情况下，供水设备直接从市政管网吸水而不设储水池；尽量采用变频调速设备，取消高位水池（箱）。

2. 储水池（箱）

储水池（箱）中水质污染主要来源于储水池（箱）本体和附件，以及水停留时间过长。传统钢筋混凝土储水池、储水箱由于表面粗糙，极易滋生青苔、微生物、细菌；钢板水箱则易锈蚀，使水质下降。应采用不锈钢、搪瓷钢板或达到卫生要求的玻璃钢水箱代替传统钢板水箱。采用钢筋混凝土水池时宜加内衬。储水池（箱）检修孔、溢流管等附件极易因封闭不严造成水质污染，在设计上应采取在溢流管上加防鼠网等措施。据资料显示，水在水箱中贮存 24 h 后余氯为零，超过 24 h 后，水质会严重恶化，而生活消防合用储水池中水的停留时间大都超过 24 h。为解决这个问题，除尽量单设生活储水池外，应在储水池中补充加氯或采取其他消毒方法。

3. 给水管管材

绝大部分自来水水质有腐蚀倾向，进而致使金属管道腐蚀严重，导致水中余氯迅速减少，水的浊度、色度、铁、锰、溶解性总固体、细菌学指标等明显增大，造成水质污染。一些经济发达的国家已经明确规定普通镀锌钢管不再用于生活给水管。我们也应当逐步推广使用硬聚氯乙烯给水管、铝塑管、钢塑管、聚丙烯管、聚丁烯管、交联聚乙烯管、纳米聚丙烯等卫生性能较好的新型管材，以保证生活用水在输送环节中不被污染。

环保是人们生活中永恒的主题。水的环保问题和污水处理达标排放自始至终要贯穿于设计中的每一个环节。建筑给排水的绝大部分新材料、新设备、新工艺都与环保的要求密切相关。只有充分利用当代建筑的新材料、新设备、新工艺技术，才能实现建筑给排水的环保设计目标。环保问题已经是全球性问题，环保理念已经渗透进各行各业，建筑行业也不例外，这是今后的发展方向。节水、节能、防治水质污染是实现环保的具体手段。节水的重点在于卫生器具及其给水配件、屋顶水箱浮球阀、建筑中水等方面的设计。其中，建筑中水是指介于上下水之间的一种生活杂用水系统，从供水意义上而言，属分质供水方式，即以生活污水作为水源，进行就地收集、处理、回用。不少国家已着手建筑中水道系统的研究和实施，根据自己区域特点确定出适合其国情的中水回用技术。中水回用既节省水资源，又减少城市供排水管网和处理设施的负荷，是解决缺水问题的一条有效途径。节能的重点在于热水供应系统，其主要措施是提高给水温度，降低使用温度，减少热水耗量，在满足使用要求的前提下减少流失率，减少热损失，采用高效能保温材料，改进加热方式和热水系统，提高水加热器的传热效率，利用新热源，采用节能产品等。

第七章　城市综合管廊施工技术

综合管廊是市政基础设施现代化的重要标志，我国已迎来综合管廊的建设热潮。综合管廊建设阶段不存在技术瓶颈，但如何提高其服役性能是值得进一步研究的课题。我国目前的综合管廊建设与运营管理模式不能适应其建设成本高和盈利性差的特点，严重制约了综合管廊的健康发展。因此，我国综合管廊建设迫切需要国家层面的相关法律法规，再据此建立符合各地情况的建设模式与运营管理模式，才能实现我国综合管廊建设的大规模发展。本章主要从城市综合管廊施工建设现状、城市综合管廊工程规划与设计，以及绿色理念下的城市综合管廊施工技术三个方面进行探讨。

第一节　城市综合管廊施工建设现状

一、城市综合管廊建设的必要性

（一）管道老化维修困难

改革开放已经走过 40 个年头，我国基础设施建设也在这 40 年中迅猛发展。随着时间的推移，许多地下管道工程已经出现老化损坏的现象。经济的快速发展也使得城市人口在短时间内大幅增加，管道负荷快速加重，有些地区已经出现了管道负荷不足的现象。但我国管道工程基本上都采用直埋方式敷设，后期维修及改扩建不仅涉及管道工程，还涉及道路工程、绿化工程等相关工程，手续复杂，浪费严重，严重制约着基础设施的发展与建设。

（二）地下空间日趋紧张

在我国经济发展的同时，我国工程技术水平也在不断发展，人们生活水平不断提高，这就对基础设施建设有着更多的要求。随着轨道交通的快速发展，中水管线、直饮水管线等新型管线不断被敷设，直接导致地下空间严重不足，制约着城市化的发展，这就需要有一个更加集中的方式来统筹敷设各种管道，实现地下空间的高效利用。

（三）道路反复施工影响交通

传统的道路工程建设流程通常是先进行道路主体施工，随后进行其他管道工程施工。在后期管道施工过程中往往需要对原道路进行一定的围挡，阻碍交通通畅。一些道路工程已经完备的老城区，管道工程规划滞后于工程技术发展，后期敷设管道（如中水管、直饮水管、天然气管等）由于用地面积紧张，需埋设在车行道下，施工时会造成道路断交。另外，对车行道下一些已建管道维修时也需要对道路进行破除。在车流量密集，城市拥堵现象严重的今天，占道施工会对人们出行造成极大影响，也会给城市造成一定的负面影响，大幅降低城市宜居性。

（四）管线敷设混乱难以管理

我国的历史条件决定着我国工程技术在发展过程中存在着许多不可避免的问题。由于我国工业起步较晚，先前工程技术水平不高，在工程建设和规划方面存在着工程资料不齐全，缺乏整体规划的问题。这就直接导致了我国地下管道敷设混乱，许多管线在施工时由于技术和管理水平低下而未能按照规划设计施工。在多重因素的作用下，地下管道工程错综复杂，后期施工和维护困难，经常会因基础资料不齐全而导致施工过程中将现存管道损坏，严重影响周边居民及工矿企业的生产生活。

二、城市综合管廊建设的特点

基于诸多现实问题，综合管廊的建设迫在眉睫。但我国正处在经济发展转型期，面对产业结构调整等重大问题，对综合管廊建设不能采用原有的粗犷式工程建设模式进行。

（一）合理规划综合管廊

对于综合管廊的规划，我们要站在一个新高度认真考虑，从全局出发，充分结合新常态下的现实特点，因地制宜地制定具有地方特色、符合地方实际情况的科学规划方案。例如，对于一些地势高低起伏、排水系统清晰的区域，综合管廊设计可以与排水管涵相结合，将能源管线、给水管线与排水管线合建，按照地势起伏合理划分排水系统。这样不仅能够增大排水系统负荷，还能够实现其他管线入廊，并且能够解决管廊本身排水问题，经济合理。而在一些地势相对平坦的地区，排水管线则需要单独建设，这样可以有效避免因排水管线坡度变化而导致管廊整体的高程降低，有效减少土方作业，进而减少工程投资。在管廊布置方面，应将管廊布置在城市主要道路下方，这样可以减少因管道维修与建设引起的占道施工问题，有效避免城市道路拥堵发生，使城市更加宜居。

（二）经济、高效地建设综合管廊

在新常态下，对基础建设投资需要更加行之有效，强调专项资金的利用率与回报率，体现在综合管廊建设方面，主要分为以下几个方面。

①要综合考量综合管廊建设的必要性，对于一些规划合理，设施完备的区域，可以暂缓实施综合管廊建设。

②规划设计充分考虑管廊运行成本，有些区域中管线复杂，存在多种能源、工业管线，如果将这些管线都放入综合管廊内，会造成管廊分舱过多，运行管理成本高等问题，因此需要将一些管线架空或直埋敷设。

③管廊建设需充分考虑施工成本，在新常态下工程建设更加要求节能、高效与经济，在管廊建设时应尽量采用如盾构法等新技术、新方法，在提高建设施工安全性的同时，有效降低管廊基建成本，提高基础建设资金的利用率。

（三）科学管理综合管廊

综合管廊的后期维护与管理有着十分重要的意义，管廊的科学管理和有效利用，可以实现综合管廊的健康经济循环。在新常态下，资金流转有着重要意义，基础设施建设不仅需要具备其社会价值，还要体现出经济价值。综合管廊建成后，后期管线入廊需要收取合理的建设费用与后期维护费用，并在相关政策法规的扶持下，使原规划管线顺利入廊，避免出现管廊空置管线依旧直埋的现象。同时，管廊的后期运行管理也需要专业高效，运行部门需要具备很强的专业素质，能及时处理管廊运行过程中出现的故障，同时能科学有效地对管廊中的设备设施进行日常维护，保证管廊的高效运转，解除管廊中管道所属单位对运行维护的后顾之忧。

三、城市综合管廊发展现状

（一）城市综合管廊的发展历程

19 世纪，某些发达国家就着手探究地下管廊，开始了初期性的建设。从我国来看，建设综合式地下管廊的相关实践仍较少，经验也较欠缺。在我国，北京市最早尝试了建设首个的综合性城市管廊，这条管廊敷设于天安门广场的地下。到了 20 世纪末，上海浦东新区也设置了综合式的现代化大型管廊，延长了地下管廊总长度，这就代表了地下管廊建设正式开始。之后，其他城市也分别建设了规模较大的地下管廊，如深圳、厦门和济南等。

然而从总体看，近些年建设的城市地下管廊并没能凸显较大的改进。究其根源，主要在于建设地下管廊的配套性法规仍没能完善，同时欠缺总体投资。相比发达国家，我国缺乏针对地下管廊的配套式建设技术，很难妥善协调建设中的多方矛盾。若要建成大型的地下管廊，管线建设的相应部门很难协调配合。建设管廊的配套工程同时又表现出较强垄断性，若很难调和多方的利益那么将会干扰顺利的管廊建设进程。

此外，建造一条规模较大的城市综合管廊会耗费很多资金，然而与之相应的效益回收却显示了偏慢的特性。综合地下管廊被视作公共物品，这类物品的特性为建设周期很长、回收利润很慢。同时，各部门也很难划定这类公共物品相应的归属及权限。很多部门都没能认识到建设管廊对于自身的价值。政府缺乏了必要的协调手段，很难调动建设的热情。受到这些阻碍，有些部门很不情愿投入资金来建设更适用的地下管廊，因而也干扰到持久的建设进步。

（二）城市综合管廊建设存在的问题

我国城市地下综合管廊在建设过程中还存在以下几点问题，这些问题正是影响其快速发展的主要因素。

1. 规划不合理

因为很多城市道路地下已经预埋了管线，而且因为管线类型多样，所以部分道路地下的管线错综复杂。在这样的情况下，若是想要建设地下综合管廊，就必须做好建设前的规划工作，但就目前的实际规划来看，规划过程中还是存在较多的问题，严重影响了管廊建设工作的开展。

2. 相关政策不完善

城市综合管廊的建设是一项十分复杂并且涉及范围广的系统工程。此工程建设和多个部门的利益有着密切的关系，当城市管线市场化运营之后，自来水以及电力等企业在发展过程中都会着重考虑自身成本以及利益问题。在这样的情况下，若没有健全的政策以及完善的法律法规为约束，那么城市综合管廊的建设就势必会受到阻碍。因为当前城市管线所面临的是利益分割局面，所以在建设中各管线单位都想要维护自己的利益，因此在管廊建设过程中出现了费用分摊难的问题。而资金不到位，地下综合管廊的建设则无法继续，从而阻碍了其发展。鉴于此种情况，综合管廊建设和运营的收益分配等激励政策还需要进一步的完善。

3. 管理体系不科学

在以往的管线管理工作中，不同管线的管理部门不同，各自为政，相互之间也没有沟通交流，这样就使得管理工作存在着漏洞，或者是出现了交叉重复管理的现象。这样混乱的管理体制使得地下综合管廊的建设受到了阻碍，因此出现了执法工作难以及资金落实难等多项问题。

4. 综合管廊建设周期长

综合管廊建设投资巨大，施工程序复杂，因此在短时间内难以实现区域内管廊规划。随着我国经济下行压力的不断增加，基础设施建设资金投资也相应减少，加之综合管廊建设工期较长，这就使综合管廊的功能不能在短期内得以发挥。而在管廊建设的同时，其他基础设施建设也在进行，这就存在许多管线仅在在直埋几年内就需要二次建设的可能，增加了管线建设单位投资，造成不必要的浪费。同时，由于综合管廊未形成一定规模时，难以体现其便利性，且运行人员使用率低，人工成本相对偏高。这些问题在新常态中将会体现得尤为明显，进而可能制约综合管廊资金回收状况，阻碍综合管廊健康发展。

5. 综合管廊竖向空间大

综合管廊是在最近几年快速发展起来的，而在这之前许多区域已经有了较为完善的竖向规划设计，为管廊预留的空间十分有限。在一些地铁发达地区，尤其是地势较为平坦，且区域内水系较少的区域，由于雨水管道排出口较少，管道流量大，管道管径很大，埋深也较深，导致其地下空间十分紧张。而综合管廊既要避开地铁、地道等地下轨道交通设施，又要与排水管道等直埋管道做好竖向协调，增加了综合管廊建设的难度。此外，综合管廊还可能与一些建筑物的地下空间以及道路基础相冲突，造成建筑物与道路的不均匀沉降等隐患。

6. 综合管廊建设施工要求高

综合管廊建设属于地下工程，其埋深大、结构复杂也对施工提出了较高的要求。对于一些规划区域，综合管廊建设可以采用支撑明开的方式实施，但是由于基坑较深，往往存在着许多不良地质，给施工造成一定难度。对于建成区的管廊建设，为减少其对交通工程的影响，通常采用非明开施工来实施，而管廊在设计时通常是接近方形的异形结构，不能采用方便快捷的盾构法、顶进法进行施工，增加了施工难度，也相应延长了施工工期。同时管廊建设还需要考虑对周围建筑物的影响，施工危险大，对施工人员素质要求高，能够胜任的施工单位有限，影响建设进度。

四、城市综合管廊建设的建议

（一）城市管廊建设规划要全面

城市地下综合管廊工程是一个复杂的综合系统化工程，其建设必须经过事前规划，即根据城市地质结构特点、城市设施布局特点等进行合理科学的建设方案规划。①城市地下管廊规划方案需要集合社会多方面的知识分子的力量，如地质学家、科学家、建筑家、社会学家等。②城市地下管廊施工不同于地面工程，其施工难度较大且重复施工危险性较高，因此非必要情况下尽量避免重复施工现象。这也相应地提高了对地下管廊施工规划的要求，设计时应当充分考虑到各种因素，必要时刻可以进行试点、模拟施工。③城市地下管廊施工涉及社会多个层面的利益，需要在施工前进行协调，使地下空间施工和地面设施之间达到和谐状态，避免中途停工，这是事前规划的一个重要组成部分。

（二）施工团队要具备专业资格

城市地下管廊施工必须由具备专业资格的团队进行施工。工程的复杂性体现在涉及部门多，影响因素不确定，其施工、运行、养护等工作的主要负责部门不同，因此很难达成理想中的协调一致，且与这些工作相关的政府部门并不能将较多精力放在城市地下管廊施工与管理上。由于以上原因，城市地下管廊施工由一个专门的、专业化的机构进行操作和监管存在较大必要性。这个部门由具备相关经验的建设人员和管理人员组成，且这个部门应当跟城市建设、城市规划相关的部门具备联系性。这也是及时处理城市地下管廊施工中突发状况或意外情况的前提和基础。此外，这个部门应当具备协调其他城市建设、城市管理部门的职能等。

（三）对综合管廊建设进行合理的规划

在实际开展管廊建设工作之前，需要先对其进行规划，在规划过程中，可以从以下几个方面入手。①应该在交通量比较大，而且道路两侧开发强度较强的地下建设管廊。就一般情况来看，以往管线在铺设的时候会选择道路两侧开发强度比较大的道路来进行开挖预埋，所以这部分道路地下的管线就会比较多，而且维修起来也具有一定的难度。鉴于此种情况，在对管廊进行规划的时候就可以从此方面入手，进而解决管线维修对道路使用造成不利影响这一问题。②可以在旧城区市政条件比较差并且无法进行拓宽的道路下开展管廊建设。有些旧城区的道路比较狭窄，而且因为其周边是古建筑或者是具有价值、需要保护的建筑，所以无法对道路进行拓宽，在这样的情况下若是想要改善此区域居民的生活条件，就可以通过建设地下综合管廊来实现。

第二节　城市综合管廊工程规划与设计

一、城市综合管廊概述

城市综合管廊也称综合管廊，即在地下建造集约化隧道，集电力、通信、燃气、给水、中水等两种及两种以上的市政管线于一体，同时设置专门的检修口、吊装口和监测控制系统。地下综合管廊通过统一规划、设计、施工和维护，建于城市地下，用于铺设市政公用管线，其包括干线综合管廊、支线综合管廊和电缆沟。其中，干线综合管廊一般设置于机动车道或道路中央下方，采用独立分舱敷设主干管线的综合管廊，不服务于终端用户。支线综合管廊一般设置在道路两侧或单侧，采用单舱或双舱敷设配给管线，直接服务于临近地块终端用户的综合管廊。电缆沟是封闭式不通行、盖板可开启的电缆构筑物。地下综合管廊按施工方法可分为暗挖法综合管廊、明挖法综合管廊和预制拼装综合管廊。暗挖法综合管廊一般适于城市中心区或深层地下空间中的综合管廊建设；明挖法一般适于道路的浅层空间；预制拼装则适于新城新区或类似硅谷、中关村等的现代化工业园区，城市中的大型会展中心等现代的城市新型功能区。

综合管廊的构成包括管廊本体、标准断面、管廊支线、管线接头井、附设物件、进出入孔、搬运检修口（投料口）、换气口（管廊内设温、湿度调节仪）、有害气体排出口、自然及强制换气口、附属设施（排水、换气、照明设施）以及防灾安全设施。城市综合管廊作为城市的“生命线”，对地下管线设施的保护作用尤其明显，提升了城市供给的安全性。其集约化的设计理念有效地利用了道路下的空间，节约了地下空间资源，也杜绝了各专业管线分别不定期开挖，对道路通行和周边环境造成的影响，彻底解决了“拉链路”问题，产生了明显的社会效益和环境效益；同时，也可将地下综合管廊结合人防工程作为城市基础设施一并考虑。

二、城市综合管廊规划建设

综合管廊的建设流程与常规的工程项目没有区别，也遵循规划、勘察设计、施工、安装等流程。国内很多城市已经建成了综合管廊，积累了大量的实践经验，出版了多本专著，并形成了国家标准《城市综合管廊工程技术规范》（GB 50838—2015）和上海市地方标准《综合管廊工程技术规范》（DGJ 08—2017—2014）。

（一）城市综合管廊规划

综合管廊工程建设应以工程规划为依据，主要包括整体规划、平面布局和断面布置三个方面。

1. 整体规划

根据 GB 50838—2015，综合管廊工程的整体规划一般应遵循以下原则：①综合管廊工程规划应符合城市总体规划要求，规划年限应与后者一致，并应预留远景发展空间；②应结合新区建设、旧城改造、道路新（扩、改）建，在城市重要地段和管线密集区规划建设（这样可比在已建成的市区道路上重新建设综合管廊大大节约建设成本）；③应与地下空间开发、环境景观等相关城市基础设施衔接、协调（例如，北京中关村西区综合管廊与地下交通、地下商业街统一规划）；④应与各类工程管线的专项规划统筹协调。

2. 平面布局

综合管廊布局应与城市功能分区、建设用地布局和道路网规划相适应。宜采用综合管廊的情况主要有地下管线较多的城市主干道、地下空间高强度成片集中开发区、重要广场以及道路宽度难以满足直埋敷设多种管线的路段等。

3. 断面布置

综合管廊的断面形式应根据被纳入的管线的种类及规模、施工方法、预留空间等确定。理论上，各类管线都可以被纳入综合管廊。然而，从经济性上考虑，一般不将雨水、污水这些重力流管道纳入。管线间的相互物理影响可能使它们同时布置在综合管廊内时存在安全隐患。因此，断面上管线的布置应遵循一个基本原则，即将各管线之间的相互影响控制在安全范围内。受到普遍重视的管线主要有天然气管道、热力管道、电力电缆和通信电缆，具体布置原则详见国标 GB 50838—2015。

（二）城市综合管廊设计

1. 断面尺寸

按相关要求确定综合管廊的断面形式后，可根据容纳的管线种类、型号、数量、管道安装净距、检修维护通道宽度等参数，结合各管线的专业技术规范要求，综合确定综合管廊标准断面的内部净高和净宽。其中，内部净高不宜小于 2.4 m。

2. 结构设计

综合管廊的结构设计采用钢筋混凝土结构的极限状态设计方法进行，设计使用年限为100年，计算模型一般为闭合框架模型，地基可被视为弹性地基，计算内容可参考相关文献。此外，还应考虑抗浮设计、耐久性设计等。防水设计主要采用自防水混凝土。构造措施上，一般每隔25～30 m设置变形缝。

第三节　绿色理念下的城市综合管廊施工技术

一、绿色理论下的城市综合管廊施工

（一）明挖现浇混凝土综合管廊

明挖现浇混凝土综合管廊施工为最常用的施工方法。这种施工方法可以大面积作业，将整个工程分割为多个施工标段，以便于加快施工进度。同时这种施工方法技术难度较低，工程造价相对较低，施工质量能够得以保证。缺点是，采取此种方法需中断交通。

在场地地势平坦，周围没有其他需进行保护的建筑物，在道路施工过程中，需要进行开挖铺设管道，可以采用大开挖施工，并采用（深层）井点降水措施。此开挖方案优点是施工方便，不需要围护结构作业，施工周期短，便于机械化大规模作业，费用较低；方案缺点是土方量开挖较大，对回填要求较高。

（二）明挖预制拼装法综合管廊结构

明挖预制拼装法是一种较为先进的施工方法，在发达国家较常用。采用这种施工方法要求有较大规模的预制厂和大吨位的运输及起吊设备，同时施工技术要求较高，工程造价相对较高。主要的预制构件有带管座共同沟综合管廊、带底座钢筋混凝土拱涵、带底座钢筋混凝土多弧涵管、带底座多弧缆线沟等。

施工工法现浇与预制相比，预制混凝土涵管装配化施工更具质量保证，且能缩短工期、降低成本，节能环保。

（三）盾构施工法综合管廊

盾构法是在盾构保护下修筑软土隧道的一类施工方法。这类方法的特点是地层掘进、出土运输、衬砌拼装、接缝防水和盾尾间隙注浆充填等作业都在盾构保护下进行，并需随时排除地下水和控制地面沉降，因而是工艺技术要求高、综合性强的一类施工方法。

用盾构法进行施工具有以下优点：机械化水平高，施工组织简单，易于

管理；施工安全，速度快，工程结构质量优良；施工引起沉降小，较易于控制；可在有水地层施工，不需降水；施工占地场地小；施工对周边环境干扰小，特别适合穿越既有建（构筑）物之下或近旁；工程投资易于控制。缺点主要是工程变化的适应性稍差；盾构施工设备费用较高；隧道覆土浅时地表沉降不易控制；施工小曲线半径隧道时难度较大。近年来，随着管廊技术的发展，用盾构机施工城市管廊的项目越来越多。

（四）顶管施工法综合管廊

顶管施工是继盾构施工之后而发展起来的一种地下管道施工方法，它不需要开挖面层，并且能够穿越公路、铁道、河川、地面建筑物、地下构筑物以及各种地下管线等。顶管施工借助主顶油缸及管道间中继间等的推力，把工具管或掘进机从工作井内穿过土层一直推到接收井内吊起。与此同时，也就把紧随工具管或掘进机后的管道埋设在两井之间，以期实现非开挖敷设地下管廊的施工方法。

顶管施工特别适用于大中型管径的非开挖铺设，具有经济、高效，保护环境的综合功能。这种技术的优点是，不开挖地面；不拆迁，不破坏地面建筑物；不破坏环境；不影响管道的段差变形；省时、高效、安全，综合造价低。

（五）普通暗挖施工法

暗挖法沿用新奥法基本原理，初次支护按承担全部基本荷载设计，二次模筑衬砌作为安全储备；初次支护和二次衬砌共同承担特殊荷载。应用浅埋暗挖法设计、施工时，同时采用多种辅助工法，超前支护，改善加固围岩，调动部分围岩的自承能力；采用不同的开挖方法及时支护、封闭成环，使其与围岩共同作用形成联合支护体系；在施工过程中应用监控量测、信息反馈和优化设计，实现不塌方、少沉降、安全施工等，并形成多种综合配套技术。

（六）综合管廊防渗漏措施

在地下水位比较高的地区，地下工程防渗止漏是一个技术难点。虽然一定数量的地下水侵入综合管廊不至于产生严重后果，但会增加排水设施的启动次数，同时会增加综合管廊内空气的湿度，降低综合管廊内管线和监控设施的工作寿命。

综合管廊的防渗止漏设计原则是“放、排、截、堵相结合，刚柔相济，因地制宜，综合治理”。

1. 控制变形

尽可能增加每节箱涵的分节长度，减少变形逢的数量，在节与节之间设置变形缝，同时，在变形缝间设置剪力键，以减少相对沉降。

2. 细部构造防水

变形缝、施工缝、通风口、投料口、出入口、预留口等部位，是渗漏设防的重点部位。变形缝的防水采用复合防水构造措施，中埋式橡胶止水带与外贴防水层复合使用。变形逢内设橡胶止水带，并用低发泡塑料板和双组分聚硫密封膏嵌缝处理。施工缝是防渗止漏的一个薄弱部位，因而应尽可能减少施工缝的设置数量。

（七）综合管廊节点处理

综合管廊的节点处理是综合管廊设计及施工的重点。

节点包括十字路口或丁字路口；河道；重要的地下工程设施，如地铁、高架道路桩基、人行地道等；现有的大口径雨污水管道。

在十字路口或丁字路口，由于综合管廊的相互交叉影响以及要保证检修人员在综合管廊内的通行，因此综合管廊沟的节点处理比较复杂。从实质上讲，综合管廊在此类似于管线立交。从处理方法来讲，可以将综合管廊在此设计为双层而实现互通的功能，也可以通过平面尺寸的加宽来实现互通功能。在综合管廊的十字或丁字交叉节点，综合管廊可能要横穿道路，因而在节点设计时，尚要充分考虑道路车辆荷载对综合管廊结构的影响。

在穿越河道、重要的地下工程设施以及现有大口径雨污水管道时，一般需根据相互标高、位置情况，确定采用上穿或下穿通过。

二、绿色理念下的综合管廊设计

（一）合理设计断面布局

断面设计反映了设计水平，也是直接影响施工的因素。断面设计合理，施工起来就非常方便。因此，在断面设计和布局时要掌握以下几点要求：断面设计在满足规划预留条件的同时，尽可能地优化管线布局，减少断面尺寸；同一个项目尽量减少断面设计数量：舱位尽量不采取分幅布置，以免开挖两次路面；避免外挂小舱的断面设计，模板和脚手架很难施作，基底处理也非常难做。

（二）规范设计结构尺寸

目前很多设计院在设计主体结构时，更多的是参考以前或他人的成功经验。但是项目所处的区域不同、地质条件不同，结构埋深不同，其结构尺寸应该经过认真计算而定。年轻的设计人员为了安全，考虑了很大的设计富裕系数。设计出的结构厚度偏大，配筋率也偏大，给施工单位造成的施工难度增大，同时造成了极大的浪费。因此应该在满足安全的前提下，充分考虑实际设计条件，认真计算，规范设计管廊主体的结构尺寸。

（三）提前设计预留预埋

由于建筑和结构的不同步设计，或者因为工期紧张，很多时候仅有结构设计图，而没有建筑预留预埋设计，以至于后期预留预埋时都要进行混凝土凿除，造成了很大的噪声和粉尘污染，也会造成预埋件的施工精度不好控制，给后期的管线安装带来很大麻烦。因此预留预埋要提前进行设计，在建筑设计时就要充分考虑好预留预埋的设计，以便在结构图设计时同步出来。

（四）适度设计预制装配

目前市场上出现的预制装配技术主要分为节段预制装配、分块预制装配、叠合预制装配、组合预制装配等形式，在综合管廊的结构设计时得到了广泛的应用。但是由于项目本身的规模不同、断面设计不同，施工场地的不同，不能简单地认为某一种预制装配技术就是万能的，就是最好的。我们经过大量的实践证明，每一种预制装配技术都有其适应性，因此要根据工程的目标和现场的实际情况，采取合适的预制装配技术。一般情况下，单舱和两舱等断面不大的管廊采用节段预制装配技术。三舱以上的管廊采用分块预制装配和叠合预制装配技术。组合预制装配也是一种好的技术，但是由于受其横向和纵向之间的连接方式以及增加的中隔墙（板）等因素影响，目前在国内还没有实际应用案例。另外，在周边环境复杂、场地狭小的地方，无法进行大型构件的运输和吊装，就无法采用节段预制装配技术。

（五）有效设计防水体系

虽然综合管廊防水设计设为二级，但是由于其使用年限为100年及将来的运营环境要求较高，设计院和施工单位在防水设计和施工时对此都极其重视。因此要考虑气候条件、水文地质、结构特点、施工方法、使用条件、经济技术指标六大因素，遵循防排截堵相结合、刚柔相济、因地制宜、综合治理四项原则，掌握结构自防水和施工缝、变形缝等接缝防水两个重点，把控好材料、设计和施工三个环节，最终设计出可靠的、施工方便的防水方案。但是我们在设计时，在满足规范要求的情况下，不能盲目地保守设计或者过度设计，以免造成浪费。另外，要做好防水设计标准化，尽量避免一个项目多种防水体系，人为地给施工造成困难。

（六）超前的集约设计技术

在进行综合管廊的综合规划设计时，要考虑目前及未来要建设的地铁、地下商业、地下快速路等其他地下空间的项目，统筹考虑、集约规划、统一建设，否则将会带来规划节点冲突问题、周边环境保护难题、施工成本增加难题。目前在很多城市的地下空间项目设计施工出现了很多矛盾，当然也出现了很多成功的案例。

第八章　园林绿化工程施工技术

在城市建设的过程中经常会建设园林绿化景观。这些园林绿化景观不仅能够让市民们感觉更加亲近自然，而且对于改变城市环境，尤其是净化空气、涵养水源等具有重要的作用。本章主要从市政园林绿化工程发展现状、市政园林绿化工程设计以及绿色理念下的市政园林绿化工程施工技术三个方面进行探讨。

第一节　市政园林绿化工程发展现状

市政园林绿化工程必须要结合城市的现状。面对当前市政园林绿化工程中出现的一些问题，如养护不到位，缺乏艺术性、多样性等，我们需要在施工过程中科学规划，注重工程监督管理，促进园林绿化工程的健康发展。

一、市政园林绿化工程发展现状

各个城市纷纷加强园林绿化工程建设，但是在施工建设管理的过程当中依然存在着很多问题，主要表现在以下几个方面。

（一）缺乏统一的机制

在进行园林绿化工程的施工过程中，由于缺乏统一的管理机制，因此在施工过程当中不能够有效提高施工效率，使得园林绿化的周期延长，不仅影响到了正常的城市环境，而且导致工程非常的烦冗复杂。

（二）缺乏后期的养护

在园林绿化建设过程中，会涉及很多植物，如果缺乏后期养护，就会导致植物出现病虫害，甚至死亡。原本开展园林绿化工程就是为了净化空气、吸尘降温，一旦植物死亡，园林绿化工程就难以发挥重要作用。

（三）缺乏艺术性和多样性

当下很多城市在园林工程的施工过程当中缺乏科学的规划，导致园林绿化工程本身缺乏艺术感和多样性，在对植物进行搭配的过程当中出现不合理的现象，影响园林绿化景观的效果。

二、市政园林绿化工程施工管理的有效措施

（一）建立一个完善的养护机制

园林绿化工工程本身就是一项长期的任务，是包含前期种植和后期养护的全过程，只有长期、精心地养护管理，才能确保各种苗木良好地生长。城市园林建设是一项复杂的系统工程，绝不是园林部门一家就能协调完成，也不是一朝一夕就能彻底改变城市面貌。城市园林建设需要动员方方面面的力量，齐心协力，群策群力，持之以恒，坚持数年，甚至数十年才能见效。所以必须要加强后期的养护，定期进行施肥及病虫害防治等工作。

（二）打造符合实际的园林绿化工程

为了提高植物的存活率，必须要结合当地的实际情况，尤其要结合当地土壤、气温、水温等加强管理。只有确保植物适应当地生长环境，才能够确保园林绿化植物能够有效地生存，从而使得我国园林绿化工程真正起到净化空气、涵养水源、美化环境的作用。尤其是为了避免千篇一律，在园林绿化工程施工前一定要做好科学规划。

（三）完善园林绿化工程的监督机制

由于园林绿化的工程量比较大，这就需要建立一个督导小组，才能够指导工作的日常开展，保障园林绿化工程的工期。为了提高园林绿化工程的美感和艺术感，就必须进行严格的质量控制，才能够确保工程的质量。因此，要对施工队伍进行严格的考核，只有通过考核才能够进行施工建设，有效保证园林施工的质量。这样也能够避免重复施工，有效地保护施工企业的经济利益，同时确保工程如期完成。

第二节　市政园林绿化工程设计

随着我国社会经济的发展，我国城市市政园林规划设计也在不断地发展。市政园林设计在城市建设中具有不可替代性的作用，做好市政园林设计，是对国家发展负责，也是对城市居民生活环境负责。只有做好市政园林设计的

城市规划，才能从根本上改善城市生态环境，扩大城市绿化面积，提升市政园林绿化的层次和品位。

城市规划下的市政园林设计，必须将城市的政治、经济、人文因素综合考量，形成独具城市特色，符合城市居民生活特点。满足城市发展需求的园林景观为城市和居民带来崭新的居住和生活环境。

一、城市规划与市政园林设计的关系

（一）市政园林设计是城市规划的基础

目前来看，世界经济处于重大变革的时期，中国进行的城市化建设是符合社会发展的趋势的，但是我们也应当看到在城市化进程过程中出现的人口、资源、环境等问题，尤其是日益严重的环境问题。这就要求我们在进行城市的规划和建设中，切实考虑城市的居民生活环境、城市的绿化面积、城市的生态建设等，在发展中做好对大气、水资源、空气资源、土地资源的保护。因此更加需要做好市政园林的设计，保证城市在工业化和城市化的相互发展中，不对城市居民居住环境和生态环境造成破坏。市政园林设计是在可持续发展理念下进行的对城市生态环境的规划和建设，能够扭转城市建设必然造成生态破坏的根本误区，保证城市与绿化和谐共存。

（二）城市规划是市政园林设计的保障

市政园林设计实际上是发展循环经济的重要形式，通过改变传统的以工业化推进城市建设和发展，以牺牲环境为代价的固有模式的经济建设方式，将生态环境建设与城市规划紧密联系，实现生态转化为资源，资源转化为能源，能源转化为经济，经济促进生态的循环模式，将生态破坏降低到最低程度，保证经济的发展与生态环境的建设和谐。合理的城市规划，应当将保护生态环境放在首位，以节约资源为目的，实现城市发展持续型和生态环境友好型的双赢模式。城市规划是市政园林设计的基本保障，只有做好城市规划，才能将市政园林设计落到实处，符合实际发展需求，改善环境污染和生态破坏的现状，实现城市规划的合理性。

二、城市综合公园园林绿化设计原则

综合性公园是城市中最重要、最具代表性的公园绿地，植物配置及其造景的好坏直接影响其功能效益的发挥。通过对植物配置及其造景的内涵和原理的分析，具体指出植物配置及其造景在综合性公园中的应用。加强公园绿化景观的建设，创造良好的生态环境，为市民提供良好的休闲、游憩的佳处。

（一）充分发挥植物的作用

植物在长期的生存进化中，与环境形成了一种相互依存和作用的生态关系，不同的植物种都有其最佳生长状态的生态因子要求。由于受城市工业、交通、建筑及居住人口密集等因素的影响，一般城市都存在空气水系污染严重、“热岛效应”“城市雾障”等等不良环境因素。因此在进行植物配置时，要多选择适应性强的乡土树种。城市综合性公园通常面积较大，具有复杂多样的“小环境”，在进行植物配置时，为取得最佳的配置造景效果，必须首先考虑小环境下植物的生态因子。

绿化植物种类繁多，每一种植物都有自己独特的形态、花形、色彩、气味，并随着四季的变化展示不同的丰姿，具有营造空间，调节日照、风速和空间组合元素的作用。此外，它还具有解决许多环境问题，如涵养水源、净化空气、水土保持等功能。特别是在北方，由于受季节、气候等原因的限制，对植物的配置以及栽种需要协调整合，同时运用统调、对比、调和、对称、均衡、韵律等园林技法，才能充分展示具有地方特色的综合性公园的美丽和个性特征。

（二）运用艺术手法形成园林绿化景观

园林绿化景观造景是运用艺术手法进行美的组合，从而形成能体现诗情画意的园林景观。植物造景时能体现植物的个体及群体的形式美。由城市中的高楼、道路、桥梁等硬质材料构成的现代化城市景观，使人有远离大自然，景观单调之感。点缀在城市中的公园绿地正好与挺直生硬的高楼、道路、桥梁形成高低错落、刚柔相济、软硬搭配、色彩调和的统一效果。给建筑设施增添了自然的生机，丰富了城市立面形象，使城市景观更加丰富多彩。城市公园中的树木花草随着季节、生命周期的不断变化而发生色彩、姿态、线条、质地的变化，成了城市环境中独特的动态风景，增加了城市的美感和魅力。

园林设计是一项重要的工程，并且这种工程的系统性也非常强。不管是在城市中还是在社区中，要想建设一个好的园林工程必须进行多方的考察和多方的努力。人们关于生态的意识就是这种整体性强的系统工程核心，因为没有人们对于园林绿化建设的重视，园林也就不会有那么好的发展空间。所以在进行城市规划以及绿化建设的时候，首先要做的就是确立好生态的地位，其次才是文化和经济。

三、城市规划中市政园林设计中存在的问题

（一）市政园林设计考虑角度不够全面

市政园林设计中考虑角度不够全面，具体表现在两方面。一方面是景观设计形式过于简单。市政园林建设在发达的沿海城市发展的较迅速，由于当地资源占有量有限，常常为了快速达到绿化效果，在城市活动密集的中心地带铺设大面积草坪，在周围稍微点缀一些常见的乔木，形成简单的绿色景观，而草坪的退化与其他绿化植物相比速度较快。因此，这样的景观只是为了暂时改善生活居住的环境并不具备实用价值。另一方面是随着城市工业的不断扩展，生态环境已经遭受到了前所未有的破坏，排放的各种有害物质对居民的身心健康构成了威胁。可是在实际生活中，有的地方政府为了提高城市的美化度，不惜重金去购买名贵的树种来装饰城市，但是这些所谓的名贵花草并不符合当地生态环境的需求。

（二）市政园林设计盲目追风

城市园林最重要的作用就是平衡城市的生态环境，维持城市环境质量，然而有些园林设计者一味追求所谓的“亮点”，光做表面文章，失去了园林简约、朴素的本质。每隔几年总有一些流行的园林设计。比如，前几年在北方广泛流行的江南园林风和近几年流行的欧洲风、美国风、日风、韩风等。盲目地模仿不仅会使设计走向世俗化，也会失去本城市的文化内涵，不能更好地为当地百姓服务。

第三节　绿色理念下的市政园林绿化工程施工技术

近年来，随着城市化水平的不断提高，人们对城市绿地系统质量要求不断提升，同时受到国家建设环境友好型社会理念的影响，加强市政园林绿化建设已成为城市建设发展必然，也是未来经济发展的必经之路。在这种时代背景下，为了让园林绿化工程更好地发挥城市绿化的作用，各种绿化施工新技术不断出现。

一、园林绿化工程施工意义

对于一个建筑企业而言，其施工旨在追求经济效益，而不按照施工图纸进行施工就无法达到预计工程目标，其经济效益也就无从谈起。而园林绿化工程作为特殊工程项目，其本身便是风景绿地建设的工程，主要目的在于为人们提供一个舒适、优雅、温馨的休息场所，以满足人们回归自然的愿望，

同时也是保护城市环境、改善城市质量的重要举措。在当今的园林绿化工程中，主要的施工内容包含地形整理、地形改造、特殊建筑物施工、树木栽植等。这些施工内容从设计到施工各个阶段都要致力于追求竣工后的景观效果，为人们创设休闲的生存环境和娱乐空间。

二、绿色理念下的园林绿化工程施工技术

随着人们生活水平的提升和对精神需求的提高，城市园林建设标准也日趋严格。城市园林作为市政建设的重要组成部分，可谓是当代城建事业的核心。但就目前我国的园林绿化施工建设而言，其中还存在众多问题，主要表现在施工设计千篇一律、毫无新意，施工方法突破性少、施工队伍素质低下等。因此在工程施工中，我们要不断引进新技术、新方法来改善传统施工问题，以保证工程效果。

（一）设计图纸交底工作

在施工之前，设计人员应当向施工人员进行设计图纸的全面交底和讲解，将自己的设计意图以书面的形式附加在设计图纸后面，以保证施工人员科学施工。在这一环节，设计人员还要高度重视细节问题，避免在工程开工之后由于细节把握不到位导致返工和误工的发生。当然，工程施工顺序也相当重要，由于市政园林工程是由多个不同的单项工程组成的，因此在施工中要提前做好有关施工计划安排，妥善、协调处理各分项工程质检的关系。

（二）施工新技术的选用

园林绿化施工大多都采用各种新材料、新产品进行，它通过不断引进新技术、新材料来提高整体施工水平，从而有效缩短施工工期、降低施工投资，达到提高生产效率和综合效益的施工目的。在目前的园林绿化工程施工中，常见的新技术主要有太阳能技术、声控灯技术、大树移植技术；新材料主要有防水材料等。

1. 太阳能、声控灯等新技术的应用

目前城市园林绿化工程施工中，在亭子顶部安装硅堆太阳能技术早已司空见惯，这种做法能有效地提高太阳光吸收率，使之与相关电池相连接，将白天吸收的光能转变为电能存储起来，通过声控、计时控制及光感控制等方式来自动将电能传递给夜间照明的灯具。这种做法不仅提升了自然资源的利用效率、降低了原材料的耗损，而且避免了施工污染问题的发生。

2. 大树移植技术的应用

大树移植技术是解决传统园林绿化工程施工难、施工效率低、进度慢等问题的最佳手段，它的出现有效解决了大树栽植成活率低的现象。但是在施工中，需要注意大树挖掘的根部保养和栽植之后的浇水问题。由于大树在移植之后根部必然受到损伤，其吸水能力下降，因此做好灌溉工作至关重要，也是保证树木成活的关键。同时，还应当根据环境、天气以及树种压球来对树干进行包裹。

3. 新材料的应用

在园林绿化工程施工建设中，新的施工材料相当重要，一般我们在工程项目中常见的施工材料主要包含有新型防水材料，如防水混凝土、彩色聚氯乙烯等。这些材料在使用中具备耐高温、耐老化的效果，因此在绿化工程中它们的使用更能保证工程整体质量和施工进度，而且其光鲜亮丽的色彩对环境美化有着重要作用。

（三）土方工程施工新技术

在园林工程施工中，通常建筑用地和绿化用地都采用透水砖铺设而成，这种砖由于本身透水性和保水性极强的特征，其在下雨时候能够及时地将雨水排至砖下方的土壤中，只有很少一部分水流停留在砖内。这样的土方施工避免了雨水在路面四处流动，而在天晴的时候渗入砖低下的水流会逐渐蒸发，回到大气中来，从而调节空气的湿度和温度。目前，该类建筑材料已成为当今园林绿化工程施工中的主要土方材料。

（四）施工质量控制

园林绿化工程作为城市形象工程，在施工中要狠抓工程质量，严格控制每一道施工工序。在工程施工中，各施工单位要建立科学的内部质量管理制度，彻底清除一切能影响工程质量的不确定因素。同时，在施工中要重视现场管理，强化企业内部监管机制，促进施工质量管理规范化、标准化，在检查过程中要确保施工环节的每部分都达到质量标准。施工人员是整个园林工程质量的关键，他们的责任感、业务能力等和工程质量密切相关。施工时对施工现场要进行实时调查，明确每项工程的所属关系及负责人，要责任到人，提高相关负责人的责任感。严格检查每一道工序，使每一个环节的工程都要符合相关的质量标准，并跟踪检查设计图纸的实施情况，及时与主管部门和设计人员交流，避免出现错误，若出现纰漏应及时纠正。每道工序完工后，要进行严格的质量评定和总结。

（五）养护工作

园林绿化养护工作时必须坚持可持续性，切实把握好每个环节工作。可以拨出一部分专门经费建立一支受过专业技能训练，且制度健全的园林养护队伍，并与每位养护人员签订维护责任书，将责任具体到个人，健全完善该养护队内的奖惩体系，通过制度的约束督促落实园林养护工作。建立起长效的培训制度和宣传活动，提高养护人员的专业技能和责任意识。

园林工程绿化施工技术是保证工程质量和效果的先决条件。利用新技术、新材料施工能有效保证工程施工质量，节约施工成本、降低施工投入，促进并推动了园林绿化事业的进一步发展，为现代化城市建设做出了更大的贡献。

第九章　绿色理念下的市政工程施工技术现状

随着我国城市化水平的不断提升，我国城市的市政工程建设受到了越来越多关注。市政工程施工的质量直接关系着城市的发展建设，因此为了提升城市现代化建设的水平，必须有效地保障市政工程的整体质量。本章主要从市政工程施工技术现状与策略分析、市政公用工程施工管理现状与策略分析、绿色理念在市政工程施工中的应用途径，以及绿色理念下的市政公用基础设施施工技术四个方面进行深入探讨。

第一节　市政工程施工技术现状与策略分析

在实际的施工过程中，施工技术的管理是工程项目管理中的重要内容，施工技术水平对市政工程的建设质量有着决定性的影响，同时还能有效地避免工程问题的发生。因此，施工单位必须加强对施工技术的研究探索，对其中存在的问题进行深入的分析，通过有效地改进措施、提升技术水平，保障市政工程施工高效地开展。

改进市政工程施工技术的重要意义在于：首先，施工技术是促进市政工程高效发展的基础；其次，市政工程施工技术的改进能够有效地提升市政工程建设的效率并保障其施工质量。

施工技术是市政工程的核心，对工程施工的质量有着深刻的影响，我们要意识到不可能存在完美无缺的施工技术，因此，对施工技术进行改进是市政工程发展的必然趋势。只有对施工技术进行有效地改进，才能促进市政工程高质高效地完成。

一、市政工程施工技术现状

（一）缺乏完善的施工技术管理体系

缺乏必要、完善的施工技术管理体系是现阶段我国市政工程施工技术存在的主要问题之一。随着我国城市发展速度的不断加快，市政工程的数量也随之不断增多。但是受限于发展时间较短，我国的建筑市场体制仍旧存在一定的缺陷，缺乏一定的管控系统便是其中之一。不同规模、类型的市政工程项目在建设过程中使用的施工技术也会存在一定的差异，这就给施工技术的管理带来了一定的困难。因此，为了保障市政工程施工的质量，必须通过高质量的管理使施工技术的优势得到最大程度的发挥。但是在实际的施工活动中，对于施工技术的管理缺乏有效的重视，施工技术管理目标不明确的现象十分严重，导致施工材料的质量得不到有效的保障，致使市政工程施工的质量受到严重的不良影响。同时，在工程问题出现的时候无法根据明确的规定对相关人员进行追责，也无法及时制定出有效的应对措施，阻碍了工程施工的顺利进行。

（二）工程施工技术设计变更手续没有完善

对于市政工程的技术的设计而言，根据相关的国家规定，在工程发生变更的时候，相关的项目管理人员必须到项目初步设计的审批单位进行审批，并对相应的手续进行完善。但是在实际的市政工程建设的过程中，其技术设计变更的手续方面仍旧存在严重问题，对市政工程的工期以及工程质量造成了巨大的影响，导致许多工程在接近完成的时候才会对工程技术设计的变更以及图纸的变更进行研究，从而延误了变更的最佳时机，出现技术图纸方案与实际施工存在严重不符的现象，对工程施工的顺利进行造成了严重的影响。同时，由于技术设计与工程施工存在差异，在工程结算的过程中，就会导致工程的结算量与实际情况无法达成一致，对工程成本的控制造成影响。

（三）施工技术资料管理工作存在严重不足

施工技术资料是市政工程施工的重要依据，同时也是施工情况的具体体现，对市政工程来说至关重要。对于一些内容相对复杂的工程而言，施工技术资料的管理工作更是重中之重。但是由于施工技术资料的数量较大，且较为复杂，这就为管理工作带来了巨大的挑战。而且施工技术资料的管理同样缺乏完善的制度作为支撑，这就导致管理人员的基本素质以及工作态度得不到保障，施工技术资料丢失或是损坏的情况十分严重。在这样的情况下，有些资料就可能会查无所据，对施工活动的顺利开展造成严重的不利影响。

二、市政工程施工技术的改进策略

（一）构建完善的施工技术管理制度

施工技术管理组织机构以及技术责任制度即是指在国家相关规定的影响下，构建符合国家标准要求的施工管理制度，促进施工活动的顺利进行。想要实现对施工技术的有效管理，必须在对技术相关责任进行明确的基础上，构建严格的责任制度，遵照该制度进行施工活动，及时发现施工过程中出现的技术问题，有针对性地制定科学合理的解决方案。在技术问题得到解决之后，要对技术问题出现的原因进行细致的分析，避免此类问题的重复发生。对此，施工单位要组织技术人员进行定期的培训活动，有效地提高施工技术人员的技术水平，还可以通过交流探讨活动对施工过程中出现的技术难题进行分析探索，促进技术人员综合能力的提升，推动施工技术的有效实施，保障市政工程的施工质量。

（二）加强施工准备阶段的施工技术管理

在市政工程正式开始施工之前，需要根据施工的要求以及施工现场的实际情况做好相应的准备活动，为施工活动的顺利开展奠定坚实的基础，从而使市政工程施工的质量得到保障。在施工准备阶段，不仅要对施工人员以及施工材料进行有效的组织分配，还要对施工技术进行一定的优化管理。当前阶段，我国的市政工程施工技术优化方案较为混乱，针对其中存在的问题，具体的优化措施主要包括以下几个方面。首先，进一步完善施工设计的组织工作。为了保障施工方案以及设计的科学性、可行性，相关的管理人员必须对市政工程的特点、工程施工的影响因素以及工程的进度进行细致的分析，保障施工准备工作的合理性以及经济性。其次，对施工组织设计工作的标准依据、格式以及内容进行明确。

（三）加强对市政工程施工中变更文件的管理

在市政工程施工的过程中，由于施工文件的变更很可能会导致施工验收的标准出现一定的改变，因此必须加强对工程变更文件的管理，以有效地避免工程隐患。在管理工作开展的过程中，工程技术人员应该根据工程施工的具体情况对工程变更文件进行落实，提高变更工作的质量。具体的措施如下。首先，工程技术人员要对变更文件进行细致的分析，工作的重点是技术要求以及图纸的修正，从而为施工活动提供有效的依据。其次，在对变更文件进行分析的过程中，要提出建设性意见，并对其可行性进行分析。例如，对于变更的图纸对原图纸的影响以及图纸变更后的结构、成本和功能方面的改变等问题都要进行充分的了解，为后续的文件评鉴奠定基础。最后，建设部门要对变更文件进行整合，在第三方确认签字之后，根据变更文件的要求对工程进行验收，在验收合格之后才能正式投入使用。

（四）对施工技术资料管理进行完善

施工技术资料管理具有较强的复杂性，且难度较高，但是其对市政工程质量的影响十分重要，因此必须通过强化管理保障该项工作的有效性。在对施工技术资料的管理工作进行完善时，首先，要保障施工技术资料的可靠性，在施工技术资料入手的环节进行严格监管。其次，对技术资料的编制程序以及相关的要求进行细致的审查，对资料管理的方式进行优化，同时要对原始资料进行严格的管理，做好记录工作。建立专门的施工技术资料管理部门，定期对文件进行整理归档。通过高效的施工技术资料管理工作保障市政工程施工活动的顺利开展，促进施工技术水平的提升。

第二节　市政公用工程施工管理现状与策略分析

随着我国经济的快速发展，城镇化建设脚步加快，这也推动了市政工程建设的发展。市政工程主要是指城市的基础设施建设工程，包括城市的公共交通设施、燃气系统、照明系统等基础设施。市政工程给人们的生产生活提供了便利，带来了保障。目前，市政建设规模越来越大，难度也急剧加大，造成在市政施工管理中出现了一些问题，影响了市政工程施工的整体进程。

一、市政工程施工管理现状

（一）施工现场问题

市政工程施工中有高空作业，也有地下作业。例如，城市高空立交桥的建设和地下隧道的建设等，既会涉及高空作业，还会涉及地下作业。地上空间复杂，地下管线拥挤。很多市政工程项目，有的时候会关系到原项目的改造和维护工作，很容易破坏已有管线，引发安全问题，造成经济损失。例如，某市政工程单位在施工过程中水钻机打漏地下燃气管道，造成天然气泄漏，导致周边小区停气。这些复杂的问题都对市政工程管理提出了更高的要求。城市车流量大，人口密度大，很多市政工程施工恰好处于这些地点。例如，在城市主干道建设立交桥时，既需要高空作业，也需要在地下施工作业，这个时候需要在施工区域搭建很多施工设备，这些设备不仅会影响周围的交通和人们的休息，还很容易引发安全事故，对周围的环境造成破坏，影响市政工程施工。

（二）监理单位管理不到位

在市政施工管理过程中，监理单位是保证工程施工质量的主要监管部门，发挥着重要的作用。但是在实际工作中，市政工程施工中虽然有很多的监理单位，但是监理效果往往达不到预期。由于市政工程监理体系还没有完善，而且一些监理单位人员的专业素质达不到要求，这样就会直接影响监理质量，影响市政工程施工的整体进程和质量安全。

（三）施工单位缺乏安全质量意识

随着市政工程建设进程逐步加快，出现了越来越多的市政工程施工单位。但是，有些施工单位并不具备施工资质，安全质量意识薄弱，直接影响了市政工程的质量和进程。除此之外，工程建设管理人员的管理意识不强，在实际操作中对市政施工标准不熟，无法严格按照标准执行操作。

二、市政工程施工管理的改进策略

首先，监理单位应建立健全的市政施工管理体系，完善相应的政策法规。监理单位除了对现场施工安全质量的监理外，还应该提高对市政工程质量的监督力度，扩大监督范围。例如，对市政工程的进度、人员安排情况等进行监理，做好本职工作，加强监理监管力度。其次，监理人员应该明确自己的工作职责，培养自己的职业道德素养，监理单位要对监理人员定期培训，提升专业水平和综合素质。最后，明确施工责任制，对整体工作有完整的规划方案设计，确保在市政工程施工的每一个环节中，每个人都可以各司其职，每个部门之间应加强交流沟通，相互合作。

（一）提高施工单位质量意识

1. 增强市政工程施工安全意识

在市政工程施工管理中应重点培养施工单位的安全质量意识，做好安全质量意识的教育和质量管理基本知识的培训，使员工对安全质量管理的基本知识和方法有所掌握。培训应注意根据每位员工的工作性质和工作要求不同，进行不同的技术教育和技能训练。只有这样，才可以提高其施工技能，使施工人员具备处理应对突发事件的能力，重点了解市政工程中可能存在的安全隐患的部分，时刻保持高度的警惕性。在施工管理过程中应该将采购、设计、和施工三个环节充分结合，重点对设计图纸、工程结构等进行严格审查，在符合施工要求后才可以结合设计要求进行相关材料和设备的采购，严格根据施工图纸进行施工。

2. 强化对市政工程的质量管理

强化市政工程的质量管理主要从三个方面着手。

（1）严格检查材料质量

施工单位应该对进场的材料认真核查，在确认材料没有质量问题后才可以允许其进入施工现场。坚决不能使用不符合工程要求的材料，避免因为材料质量问题影响工程施工质量。

（2）严把工序质量

施工单位在确保工程施工进度的同时，也要确保施工质量，同时还要配合施工单位对施工现场进行管理。在施工前，应该提前对项目的施工环境进行全面仔细的检查，判断工程项目是否可以正常进行，同时还要分析施工计划与施工内容。工作人员要对整个施工设计了解清楚，总结施工重点，避免出现突发情况。除此之外，施工单位自己也需要有质量监测员，以做好质量监督工作，全程实施技术质量检测，使施工质量满足技术规范要求。

（3）提高施工人员的素质

在施工过程中，占据主导地位的是人，施工人员专业技能水平的高低直接影响市政工程施工的质量好坏。可以开展施工技能培训，如通过组织施工技能比赛，建立施工技术交流平台，促进施工交流。

（二）制定合理的施工方案

1. 做好工程施工准备工作

市政工程建设施工周期长，施工环境复杂，受环境因素影响较大，特别是对地质情况提出了很高的要求。因此，应做好市政工程施工的前期准备工作，把施工的各个环节都要考虑进去。重点是，在施工前应深入施工现场，对施工区域全面地深入调查，确定此区域的地质、交通是否符合施工条件。另外，应做好安全有效的管线保护措施，完善市政工程信息，采用探测技术对管线进行保护。将这种技术应用于对地理金属管线和非金属管线的勘测，可以准确确定原有管线的具体位置。只有这样才可以充分掌握施工区域的整体情况，制定出合理的市政工程施工方案，保证工程项目的整体性，确保施工顺利进行。例如，某城市桥梁工程，采用钻孔灌注桩基础，承台最大尺寸为长 8 m、宽 6 m、高 3 m；梁体为现浇预应力钢筋混凝土箱梁；跨越既有道路部分，梁跨度 30 m，支架高 20 m。由于城市道路施工干扰因素较多，有较大的技术难度，项目部提前进行了施工技术准备工作。为避开交通高峰时段，夜间运输，白天施工。为确保按期完工，项目部制定了详细的施工方案，做好准备工作，实施中及时进行调整。

2. 制定合理的施工方案

由于市政工程受周围环境的影响较大，因此，在市政工程施工前必须根据施工地点、施工时间、施工环境等制定合理的施工方案。首先应该考虑施工环境的影响，根据天气、温度等多种因素及时调整施工方案。其次，为避免在施工中出现交通拥堵等情况，施工方应提前与交通部门沟通，设置合理的应对方案；最后，随着城市化进程的加快，城市面临着越来越拥挤的状况，市政工程也应该合理利用空间，提高城市土地利用率。

第三节　绿色理念在市政工程施工中的应用途径

市政工程施工是一项系统性较强的工作，在此过程中经常需要解决各种各样的问题，只有在这些问题均得到较好解决的情况下才能保证施工的顺利进行。根据现代城市建设的实际情况，城市居民对城市环境越来越重视，尤其是在环境污染越来越严重的今天，人们经常会以市政工程施工污染环境为由而对施工进行阻拦。因此，在城市建设不断进行的过程中，绿色施工理念逐渐被引入市政工程施工中，这样不仅能有效提升施工的效率，还能减少对环境的破坏。因此，加强对绿色理念应用于市政工程施工的途径分析显得尤为重要。

一、市政工程施工中应用绿色理念的重要性

（一）降低施工成本

目前的市政工程施工过程中材料浪费的现象十分严重，这在很大程度上导致市政工程施工成本得不到有效控制，导致施工单位的经营效益受到严重影响。绿色理念的应用，能让市政工程施工中的资源不合理利用得到有效控制，减少施工过程中的材料浪费现象，从而提高资源的利用率。这样既能让施工的材料费用得到有效控制，还能让施工单位因清理浪费材料而产生的额外施工费用明显降低，从而提升市政工程的施工成本。

同时，在提升材料利用效率的情况下，还能让施工单位减少在废弃材料清理上的人员投入，从而让更多的施工人员参与到施工中，提升工程施工效率，达到节约生产成本目的。

（二）推动社会进步

社会的文明程度在很大程度上取决于人们的综合素质，其中尤其是城市居民的综合素质。在市政工程施工的过程中，环境污染将会导致人们的生活受到严重影响，但市政工程的建设不可避免地会对城市环境造成一定的破坏。在城市环境长时间遭到破坏的情况下，城市居民对环境保护的理念会逐渐淡化，从而影响城市的社会风气和文明进步。而绿色理念在市政工程施工中的

应用，能够让人们看到城市建设过程中政府对城市环境的重视程度，从而让城市居民逐渐在日常生活中受到影响而参与到城市环境的保护中。这样就能让城市社会的整体发展速度得到提升，促使社会文明的进步。

（三）促进经济可持续发展

随着现代社会经济发展速度的不断提升，我国从宏观战略上提出了可持续发展观。可持续发展观是指通过现在的努力让人们今后的发展能够持续更长时间，从而避免经济发展停滞的情况。可持续发展的关键就是实现人与自然的和谐相处，开展社会活动的过程中要尽量避免对环境造成破坏，健康利用各类自然资源。从而让社会的整体发展趋于平衡，这样就能让经济发展逐渐进入可持续发展的状态，对经济的建设及人们的身体健康等均有很大好处。市政工程施工中经常会使用大型的机械设备，并且会产生很多废弃材料，这样就会导致施工过程对环境造成噪声污染和空气污染，使人们的生活环境遭到破坏，对人们的健康造成严重影响，影响经济的可持续发展。因此在市政施工中应用绿色理念十分必要。

二、绿色理念在市政工程施工中的应用策略

（一）贯彻绿色施工理念

在开展市政工程施工的过程中，要让绿色施工理念得到有效应用，就需要对施工人员进行全面的绿色施工教育，让其绿色施工理念得到有效强化。其中首先需要政府部门加强对市政工程施工单位的监管，让其在市政工程施工中更好地保护环境。其次，需要施工单位在日常经营的过程中不断开展绿色施工理念的培训，通过对施工管理人员的强化培训，让其能在市政工程施工管理中将绿色理念应用到其中。

另外，市政工程施工单位要制定完善的绿色施工制度和管理方案，对施工管理人员的责任进行明确，并对施工人员的行为进行约束，从而确保绿色理念在施工中的全面落实。

（二）强化施工技术创新

在市政工程施工中应用绿色施工理念，就必须在传统施工技术和管理的基础上不断引进先进的绿色施工理念和管理方式，对施工中的各个环节进行全面有效的创新，从而适应绿色施工理念的要求。还要在不断创新的过程中通过实践获得更多的经验，促使技术创新的有效性。这就需要市政工程施工单位不断对技术人员进行培训，并且引进先进的施工技术管理人员，从而更

好地将先进的施工理念和施工技术应用到实际的施工中。同时，在开展绿色施工创新的过程中，施工单位还要强化对施工技术管理的创新，采取更多有效的方式对施工活动进行全面的监督和管理，确保绿色施工技术能够被应用到实际的施工中。

（三）提高施工人员的综合素质

根据我国市政工程施工的实际情况，其中有很多施工人员均属于农民工，这些施工人员受教育程度相对较低，并且缺乏对环境的保护意识。这样就很容易导致其在施工过程中出现材料随意丢弃的情况，并且缺乏控制生产成本的观念，影响施工单位的经营效益，进而导致施工活动对城市环境造成严重破坏。因此，市政工程施工单位还要不断提高施工人员的综合素质。其中主要是在绿色施工理念方面对施工人员进行有效的培训，让其了解绿色施工理念的重要性，并掌握绿色施工理念的实际应用方法，从而促使其在施工过程中严格按照绿色施工理念的要求开展施工活动。

（四）加强对市政工程施工的监督

市政工程施工中绿色理念的应用涉及施工中的各个环节，并且具体的实施会由所有的施工人员共同完成，这样就导致绿色理念的应用管理难度较大。因此，在开展市政工程施工的过程中，相关部门应强化对施工单位的监督，确保其在施工过程中严格按照绿色施工理念的要求开展施工活动。同时，要动员社会群众参与到对市政工程施工中绿色理念应用的监督中，通过群众的力量实现对市政工程施工的全面监督，从而确保绿色理念能够在市政工程施工中全面落实。

（五）强化对施工中的材料和设备的管理

对于工程建设而言，材料和设备是施工活动顺利实施的基础，因此在应用绿色施工理念的过程中还需要加强对材料和设备的管理。对于施工材料而言，施工单位需要从材料的保存、使用和回收等各个方面进行管理。其中材料的保存要根据材料的性质选择恰当的保存方式，避免材料在保存过程中出现损坏的情况而影响其利用效率，从而防止出现材料浪费的现象。对于材料的使用，施工管理人员要对施工人员进行严格的监督和管理，避免施工人员在施工过程中随意使用材料而导致材料被浪费。对于材料的回收，施工单位应建立有效的材料回收制度，并安排人员专门完成对废弃材料的回收，避免废弃材料对环境造成污染。市政工程施工中一般需要用到很多大型设备，其产生的废弃和噪音是城市环境污染的主要来源。因此，在开展施工的过程中施工单位还要加强对施工设备的管理，尽量保证设备的性能良好，从而避免其在施工过程中发出较大噪音而破坏环境。

第四节　绿色理念下的市政公用基础设施施工技术

一、绿色理念对市政基础设施施工提出的要求

（一）减少场地干扰

市政公用基础设施施工会经历场地平整、土方开挖、设施建造、废物处理等环节，这一过程会改变当地的地形地貌，对地下水位、动植物造成影响，甚至破坏现存文物、特色资源。因此，在绿色施工理念下，首先应减少场地干扰，尊重当地的生态环境。对于建设企业而言，应该识别当地的文化、自然、构筑物特征，然后通过设计、施工、管理等手段，促使这些特征得以保存。具体到场地使用计划中，应该包含以下内容：

①明确保护区域和保护方法；

②减少临时设施和施工管线；

③合理规划库存区域，减少材料设备的搬动；

④科学设置场地通道；

⑤分析废物对生态环境的影响，制定处理方案；

⑥将场地与外界隔离。

（二）降低气候的影响

市政公用基础设施施工由于工期长，会经历季节变更，因此，施工时要考虑气候条件。对于施工企业而言，只有关注气候特征才能合理控制各项成本支出，避免因气候变化影响施工作业顺利进行。具体措施包括以下 4 项。

①合理安排施工顺序，关键施工部位要在不利气候来临前完成，如在雨季前完成土方开挖、基础施工。

②做好场地排水、防洪工作，避免对材料、机械、人员造成危害。

③在施工场地的布置方面，要考虑到气候变化，以木工棚为例，应该将其布置在下风向。

④夏季施工或冬季施工时，应针对混凝土、深基坑、土方工程采取有效保护措施。

（三）加强施工管理

绿色施工理念的贯彻和执行，需通过施工管理活动体现，应组织施工团

队学习绿色理念，了解绿色施工的重要性，掌握各项建设规范和制度，并将其落实到具体的施工作业中。在规划管理、采购管理、人员管理方面，要树立节约成本的思想，提高材料质量和使用效率，增强施工人员对绿色理念的认识，将其落实到位。

（四）提高资源使用效率

市政公用基础设施施工需要以巨大的能源消耗为支撑，只有提高使用效率才能减少浪费，进而降低资源的使用量，具体措施如下。

1. 节约电能

可在施工现场安装节能灯具，使用声光传感器对照明灯具进行控制，选用节能型的机械设备。

2. 节约水资源

对水源使用进行监测，装设小流量的设备，对雨水和废水进行合理利用。

3. 减少材料损耗

从采购、库存、搬运等方面入手，通过加强管理，减少不必要的费用支出，并提高使用效率。以钢筋为例，准确计算加工和焊接参数，对废料进行合理应用。

4. 资源回收利用

一方面，使用可再生材料，能够减少自然资源的消耗量；另一方面，对材料进行循环利用，可以在现场建立废物回收系统，不仅降低采购成本，也减少运输和填埋费用。

（五）明确能源消耗指标

能源消耗指标制度的建立能促使施工期间的节约行为有章可循，实现生态保护的目标。施工人员现场作业时，能严格遵循相关指标，对各种资源能源进行合理利用。另外，施工团队应学习先进的施工技术，熟练使用新型器械设备，将能源消耗控制在规定的指标内。

二、基于绿色理念的市政用基础设施施工技术

（一）污染控制技术

1. 扬尘控制

市政公用基础设施施工期间，由于涉及大量的土方工程，扬尘污染难以避免。对此，控制技术主要包括两种。

①设置挡风抑尘墙。其不仅应用范围广，且施工处理方便。研究显示，墙体具有一定的透风系数，抑尘效果更佳，能提高扬尘污染的控制效率。

②使用抑尘剂。它起到湿润、粘接、凝结的作用，将粉尘微粒锁定在网状结构内部。由于粉尘重量加大，其快速降落到地面，不会产生二次污染。就目前而言，抑尘剂的使用成本低，效果显著，在扬尘控制上具有良好的发展前景。

2. 噪声控制

市政公用基础设施施工中的噪声污染，主要来自各种机械设备的运行。从该角度出发，噪声控制的根本方法在于使用噪声小的设备，如发电机、装载机等；同时合理设置机械的安放位置，尽量远离居民住宅区，降低噪声分贝。如果以上两种方案难以实施或无效，就要采用隔声措施，即在声源处安装消声器，消声效果一般在 10¯50 dB。如果从传播途径上进行消声，则可使用吸声材料或隔声材料。对于前者，常见如木丝板、玻璃棉、塑料薄膜能吸收部分噪声；对于后者，则是建设混凝土挡墙，从而隔绝噪声。另外，对人为噪声的控制，主要是禁止大声喧哗，避免使用高音喇叭等。

3. 光污染控制

市政公用基础设施施工中产生的光污染，主要包括两个方面：

①钢材加工期间，因电焊操作引起；

②在夜间赶工时，因设置的高亮度照明灯具引起。

对于这两种情况，首先应在电焊作业时进行遮挡，避免光外泄，减少污染的同时，有利于保护施工人员的安全。其次在夜间施工时，应选择亮度适宜的灯具，通过设置挡光板，调整照射角度等，减少光污染。

4. 化学污染控制

化学污染的产生，主要是施工中应用的各种外加剂，由于其含有一定的毒性，故应首先做好隔水措施，对化学物品进行集中处理，避免其渗入地下水中。需监测土壤的质量指标，避免形成土壤污染，继而影响植物、动物的生长。技术人员应严格执行技术规范，在运输、使用、保管上加强管控，必要时设置专门存储空间，控制好温度、湿度、光照等指标，保证化学物品性能稳定。

（二）回收利用水源技术

1. 雨水回用

对雨水进行收集、渗蓄、沉淀处理后集中存放，可用于现场抑尘、洗车、绿化等。若处理效果好，经检测达标，还可用于混凝土结构养护、砌筑抹灰施工中。

2. 基坑降水回用

基坑降水回用的技术措施包括两种。

①利用土层的自渗作用使上层水集中到下层潜水中使水资源回灌到地下，进行回收利用。

②对降水进行抽取存放，然后加以回收利用。其中，基坑降水的回收率利用计算公式如下：

$$R=K_i\frac{Q_1+q_1+q_2+q_3}{Q_0}\times 100\%$$

式中：K_i 为损失系数，一般取 85% ～ 95%；Q_0 为基坑降水量；Q_1 为回灌至地下水量；q_1、q_2、q_3 分别为生活用水量、抑尘洒水量、砌筑抹灰用水量。在施工现场，对基坑降水回收利用可建立洗车池，也可设置集水箱。

3. 生产废水回用

生产废水的回用主要是将生产、生活中产生的废水经过滤、沉淀、消毒处理后，再次利用在生产活动中。

（三）节能降耗技术

以电能节约为例，应从机械设备、生活设施两方面入手。比如，施工现场使用节能型灯具，做到人走灯灭，避免不必要的电能消耗；起重机、电梯等大型设备应选用节能高效型，减少能源消耗。

另外，要对施工人员进行培训教育，树立节约理念，营造节能减排的良好施工氛围。在施工组织设计上，应对施工流程进行合理安排，协调人工作业和机械作业，相邻作业区域可利用共有的机械设备，避免设备闲置。还要制订维修保养计划，延长设备的使用年限，避免带病运行，以此减少能源的消耗。

（四）文明施工技术

文明施工即遵循以人为本的理念来实现环境保护的目标，是绿色施工的体现和补充。实际应用如下。

①在重点施工部位设置警示牌，提示施工人员注意作业安全；

②现场围挡，要采用封闭围墙，高度控制在 1.8 m 以上；

③在进场处设置牌图，明确管理组织架构和现场平面图；

④绘制施工企业标识，保护场地的容貌；

⑤材料分类有序堆放，并做好防火工作；

⑥及时清理施工垃圾。

（五）“三新”技术的推广

“三新”技术作为保障绿色施工的重要手段，要求建筑企业按照工程质量管理样板引路制度，精细化施工管理模式，大力推广建筑绿色施工新技术、新工艺、新材料应用，鼓励企业推广运用绿色建造方式。比如，采用铝合金模板、预制混凝土整体构件、整体爬升式外脚手架等绿色施工技术及工艺，应用纳米涂料，玻璃纤维筋等新型材料，减少建材消耗和施工现场扬尘，促进工地文明施工标准化建设，提高建筑施工安全和工程质量。

在施工管理的过程中，应以生产进度、质量保证、安全风险防控等为出发点，通过强化制度建设，参观学习，总结及创新，将工程建设中的新工艺、新技术、新设备的管理工作和现场生产密切结合起来，充分发挥“三新”技术对生产的良好的推动作用。科技是第一生产力，结合工程的具体情况，因地制宜地使用新工艺、新技术、新材料，把“三新”技术的管理作为日常工作深入开展会为工程建设绿色施工带来极佳的效果。

参考文献

[1] 项海帆，等 . 桥梁概念设计 [M]. 北京：人民交通出版社，2011.

[2] 叶爱君，管仲国 . 桥梁抗震 [M].2 版 . 北京：人民交通出版社，2011.

[3] 刁心宏，李明华 . 城市轨道交通概论 [M]. 北京：中国铁道出版社，2009.

[4] 孙章，蒲琪 . 城市轨道交通概论 [M]. 北京：人民交通出版社，2010.

[5] 李亚峰，马学文，王培，等 . 城市基础设施规划 [M]. 北京：机械工业出版社，2014.

[6] 葛金科，沈水龙，许烨霜 . 现代顶管施工技术及工程实例 [M]. 北京：中国建筑工业出版社，2009.

[7] 王媛 . 市政工程绿色施工技术措施的探讨 [J]. 市政技术，2015，33（3）.

[8] 刘兆福 . 绿色施工理念在市政工程施工中的运用 [J]. 江西建材，2015（20）.

[9] 王娟 . 试析城市道路规划设计的要点探讨 [J]. 城市建设理论研究，2014（11）.

[10] 齐晓梅 . 浅谈公路沥青混凝土路面排水设计 [J]. 城市建设理论研究（电子版），2013（19）.

[11] 于春杰，鄂海军，叶春木 . 浅谈城市道路绿化设计 [J]. 城市建设理论研究（电子版），2012（16）.

[12] 王雷，范晓东 . 浅谈路基施工的质量控制技术 [J]. 科技创新与应用，2013（14）.

[13] 余平 . 现代有轨电车发展浅谈 [J]. 黑龙江科技信息，2010（28）.

[14] 荣哲，孙玉品 . 城市综合管廊设计与计算 [J]. 工业建筑，2013（S1）.

[15] 李德强 . 广州大学城综合管沟的施工及质量控制 [J]. 中国给水排水，2004（9）.

[16] 薛伟辰，胡翔，王恒栋 . 综合管沟的应用与研究进展 [J]. 特种结构，2007（1）.

[17] 杨先华 . 广州亚运城综合管廊结构设计综述 [J]. 市政技术，2012，30（5）.

[18] 钱七虎，陈晓强 . 国内外地下综合管线廊道发展的现状、问题及对策 [J]. 民防苑，2006（S1）.

[19] 徐纬 . 从规划设计角度提高地下管线综合管廊综合经济效益浅析 [J]. 城市道桥与防洪，2011（4）.

[20] 王恒栋 . 城市市政综合管廊安全保障措施 [J]. 城市道桥与防洪，2014（2）.

[21] 王建 . 城市地下市政综合管廊建设费分摊探讨 [J]. 上海建设科技，2008（4）.

[22] 梁荐，郝志成 . 浅议城市地下综合管廊发展现状及应对措施 [J]. 城市建筑，2013（14）.

[23] 张韵，刘成林，杨京生 . 推进城市地下综合管廊建设可持续发展的几点思考 [J]. 给水排水，2016，52（6）.

[24] 尹京洲 . 关于城市园林绿化管理的若干问题的思考 [J]. 吉林农业，2010（12）.

[25] 高玲玲，崔瑞洁 . 园林工程中的绿化施工与养护技术地区性分析 [J]. 河南科技，2014（2）.

[26] 张文武 . 市政施工技术现状及改进措施分析 [J]. 山西建筑，2016，42（28）.

[27] 黄晔瑛 . 市政工程施工管理现状及改进措施 [J]. 江西建材，2017（5）.

[28] 丁雪乔 . 市政工程路面基层施工技术的改进措施 [J]. 江西建材，2014（24）.

[29] 唐路 . 绿色施工及评价体系研究 [D]. 济南：山东建筑大学，2014.